国家出版基金项目
NATIONAL PUBLICATION FOUNDATION

有色金属理论与技术前沿丛书

铝电解用阴极材料抗渗透行为

Anti-permeability Performance of Cathode for Aluminium Electrolysis

方　钊　赖延清　著

中南大学出版社
www.csupress.com.cn

中国有色集团
CNMC

内容简介

铝电解用可润湿性阴极材料有助于降低铝电解过程中的能源消耗、资源消费及环境负荷，成为惰性铝电解系统的关键材料之一，然而易破损、使用寿命短等问题使该材料的应用发展遭遇瓶颈。因此，基于惰性电极系统的铝电解用新型阴极材料研究开发便成为了铝电解新工艺的重要发展方向与学科前沿；如何不断提高阴极材料的抗渗透耐腐蚀性能，也成为了本领域研究的核心问题之一。

本书基于作者对阴极材料抗渗透机理及微结构增强机制的研究，从电解质组成、电解工艺以及阴极组成与结构等方面系统阐述了电解过程中电解质熔体与阴极的相互作用，分析探讨了低温电解过程中碱金属 K 和 Na 的析出、渗透与迁移机制及其对阴极结构和性能的影响。书中反映了近年来国内外铝电解阴极的新进展及作者在研究中所取得的重要成果。

本书可作为高等院校冶金及材料专业本科生、研究生的参考用书，也可供相关领域的科研、生产、设计人员阅读。

作者简介

About the Author

　　方钊，男，1982 年 11 月出生于陕西省渭南市，2011 年毕业于中南大学冶金与环境学院，获工学博士学位，现为西安建筑科技大学冶金工程学院副教授。主要从事铝冶金理论与工艺、节能电极材料及冶金废弃物资源化等方面的研究工作。先后主持国家自然科学基金项目 2 项，主持陕西省自然科学基金项目 1 项，主持陕西省教育厅专项 1 项，参与多项国家重点科研课题。发表相关学术论文 20 余篇，参编教材 3 部。

　　赖延清　1974 年 10 月生，有色金属冶金工学博士，中南大学教授、博士研究生导师，中国有色金属学会轻金属冶金学术委员会委员、副秘书长，中国金属学会熔盐化学学术委员会委员，美国矿物、金属及材料学会（TMS）会员、国际电化学会（IES）会员、美国化学会（ACS）会员。教育部"新世纪优秀人才支持计划""国家优秀青年科学基金"资助对象。一直从事电化学冶金与材料电化学的研究工作，先后主持多项国家科技计划课题，获省部级科技进步一等奖 2 项、二等奖 1 项，发表 SCI 和 EI 论文 100 余篇，获得授权发明专利 30 余项。

学术委员会

Academic Committee

/国家出版基金项目
有色金属理论与技术前沿丛书

主 任
王淀佐　中国科学院院士　中国工程院院士

委 员 （按姓氏笔画排序）

于润沧	中国工程院院士	古德生	中国工程院院士
左铁镛	中国工程院院士	刘业翔	中国工程院院士
刘宝琛	中国工程院院士	孙传尧	中国工程院院士
李东英	中国工程院院士	邱定蕃	中国工程院院士
何季麟	中国工程院院士	何继善	中国工程院院士
余永富	中国工程院院士	汪旭光	中国工程院院士
张文海	中国工程院院士	张国成	中国工程院院士
张 懿	中国工程院院士	陈 景	中国工程院院士
金展鹏	中国科学院院士	周克崧	中国工程院院士
周 廉	中国工程院院士	钟 掘	中国工程院院士
黄伯云	中国工程院院士	黄培云	中国工程院院士
屠海令	中国工程院院士	曾苏民	中国工程院院士
戴永年	中国工程院院士		

总序

Preface

当今有色金属已成为决定一个国家经济、科学技术、国防建设等发展的重要物质基础，是提升国家综合实力和保障国家安全的关键性战略资源。作为有色金属生产第一大国，我国在有色金属研究领域，特别是在复杂低品位有色金属资源的开发与利用上取得了长足进展。

我国有色金属工业近 30 年来发展迅速，产量连年来居世界首位，有色金属科技在国民经济建设和现代化国防建设中发挥着越来越重要的作用。与此同时，有色金属资源短缺与国民经济发展需求之间的矛盾也日益突出，对国外资源的依赖程度逐年增加，严重影响我国国民经济的健康发展。

随着经济的发展，已探明的优质矿产资源接近枯竭，不仅使我国面临有色金属材料总量供应严重短缺的危机，而且因为"难探、难采、难选、难冶"的复杂低品位矿石资源或二次资源逐步成为主体原料后，对传统的地质、采矿、选矿、冶金、材料、加工、环境等科学技术提出了巨大挑战。资源的低质化将会使我国有色金属工业及相关产业面临生存竞争的危机。我国有色金属工业的发展迫切需要适应我国资源特点的新理论、新技术。系统完整、水平领先和相互融合的有色金属科技图书的出版，对于提高我国有色金属工业的自主创新能力，促进高效、低耗、无污染、综合利用有色金属资源的新理论与新技术的应用，确保我国有色金属产业的可持续发展，具有重大的推动作用。

作为国家出版基金资助的国家重大出版项目，《有色金属理论与技术前沿丛书》计划出版 100 种图书，涵盖材料、冶金、矿业、地学和机电等学科。丛书的作者荟萃了有色金属研究领域的院士、国家重大科研计划项目的首席科学家、长江学者特聘教授、国家杰出青年科学基金获得者、全国优秀博士论文奖获得者、国家重大人才计划入选者、有色金属大型研究院所及骨干企业的顶尖专家。

　　国家出版基金由国家设立，用于鼓励和支持优秀公益性出版项目，代表我国学术出版的最高水平。《有色金属理论与技术前沿丛书》瞄准有色金属研究发展前沿，把握国内外有色金属学科的最新动态，全面、及时、准确地反映有色金属科学与工程技术方面的新理论、新技术和新应用，发掘与采集极富价值的研究成果，具有很高的学术价值。

　　中南大学出版社长期倾力服务有色金属的图书出版，在《有色金属理论与技术前沿丛书》的策划与出版过程中做了大量极富成效的工作，大力推动了我国有色金属行业优秀科技著作的出版，对高等院校、研究院所及大中型企业的有色金属学科人才培养具有直接而重大的促进作用。

王淀佐

2010 年 12 月

前言 / Foreword

　　作为目前工业中唯一的炼铝方法，Hall-Héroult 法存在着能耗高、优质碳素消耗量大、环境污染严重和温室气体排放量大等诸多缺点，严重制约着铝电解工业的进一步发展。因此，铝工业界和学术界一直在寻求一种高效率、低能耗、低成本、无污染(或少污染)的炼铝新工艺。惰性电极系统应运而生，成为实现这一目标的根本途径。惰性电极系统的研发主要包括三个方面的内容：耐熔盐腐蚀惰性阳极材料、低温电解质、惰性可润湿阴极材料。对于惰性阳极材料的研究表明，在现行电解工艺条件下，所制备的金属陶瓷惰性阳极，其耐高温熔盐腐蚀性能、抗热震性能还难以满足铝电解工业的要求，难以获取高品质原铝。此外，使用惰性阳极电解时，Al_2O_3 的理论分解电压比使用碳素阳极电解时高 1.03 V，这将直接导致铝电解生产能耗的上升。这些问题的出现，使得惰性阳极必须与低温铝电解工艺和惰性可润湿性阴极配合使用才能达到真正节能降耗的目的。然而，目前低温铝电解工艺还存在两个方面的主要问题：一是 Al_2O_3 溶解度和溶解速度低；二是电解质易产生结壳。与此同时，对惰性可润湿性阴极材料的研究也发现，其在使用过程中存在着易断裂和易破损的问题，无法长时间使用，不能达到预定的能耗降低目标。因此，选择一种合适的低温电解质体系，开发出具有良好耐腐蚀性能的惰性可润湿性阴极对于整个惰性电极系统的成功应用的影响举足轻重。

　　本书是基于作者多年来的研究工作编写而成的，全书以铝电解用阴极材料为核心，全面介绍了相关的基础理论知识，并涉及了一定的工程技术知识。主要内容包括：从电解质组成和阴极本体两方面考虑，系统阐述了新型含钾低温电解质体系与碳质阴极、惰性可润湿性阴极等材料的相互作用情况，探讨了电解质体系对阴极抗渗透行为的影响，丰富了相应的基础理论数据；从材料组成、制备工艺等方面入手，将碳质阴极、惰性阴极与低温铝电解相结合，介绍了抗渗透、耐腐蚀可润湿性复合阴极的制备。可以为现行铝电解工艺的改进，以及惰性电极铝电解新技术的开发与应用提供帮助。

　　本书在编著过程中，引用了参考文献中的部分内容、图表和数据，在此向有关作者表示感谢。同时，由于编著者水平有限，书中疏漏在所难免，恳请有关专家和广大读者批评指正。

编者

目录 / Contents

第1章 绪 论   1

1.1 引言   1

1.2 现行铝电解工艺的弊病   3

  1.2.1 碳素阳极消耗及其带来的问题   4

  1.2.2 碳素阴极与铝液不润湿及其带来的问题   5

  1.2.3 碳素内衬材料带来的其他问题   5

  1.2.4 铝电解槽的水平式结构及其带来的问题   6

1.3 现行铝电解用碳素阴极   7

  1.3.1 阴极炭块的种类及阴极性能要求   7

  1.3.2 侧部炭块、阴极糊和炭胶泥   10

  1.3.3 碳阴极的制备工艺   12

  1.3.4 改善阴极性能的途径   15

1.4 铝电解阴极过程   16

  1.4.1 阴极上的主要过程是铝的析出   16

  1.4.2 钠优先析出的条件   18

  1.4.3 阴极过电压   19

  1.4.4 钠的析出及其行为   20

  1.4.5 阴极的其他副过程   21

1.5 可润湿性阴极的研究现状   22

  1.5.1 可润湿性陶瓷材料   22

  1.5.2 可润湿性涂层阴极   23

  1.5.3 碳胶可润湿性复合阴极   23

1.6 铝电解槽的破损形式及其原因   24

1.7 碱金属和电解质对阴极的渗透侵蚀   27

  1.7.1 碱金属和电解质的渗透对阴极产生的影响   27

  1.7.2 碱金属和电解质对铝电解阴极的渗透   31

    1.7.3　铝电解阴极用黏结剂抗渗透性能分析　　35
    1.7.4　铝电解阴极抗碱金属侵蚀性能的测试与研究方法　　36
  1.8　铝电解阴极耐腐蚀性能的研究进展　　39
    1.8.1　碳质阴极耐腐蚀性能　　39
    1.8.2　可润湿性阴极耐腐蚀性能研究进展　　42

第 2 章　低温电解质熔体中半石墨质阴极电解膨胀研究　47

  2.1　引言　　47
  2.2　半石墨质阴极电解后形貌及元素分布　　47
  2.3　分子比对半石墨质阴极电解膨胀的影响　　52
  2.4　钾冰晶石对半石墨质阴极电解膨胀的影响　　54
  2.5　电流密度对半石墨质阴极电解膨胀的影响　　56
  2.6　过热度对半石墨质阴极电解膨胀的影响　　58
  2.7　半石墨质阴极中碱金属 K、Na 的渗透速率　　59
  2.8　半石墨质阴极电解膨胀率经验计算式及等电解膨胀率图　　63

第 3 章　碱金属的析出及其在阴极中的渗透迁移　　73

  3.1　引言　　73
  3.2　电解质熔体中碱金属的析出　　73
  3.3　碱金属在阴极中的渗透迁移行为　　77
  3.4　碱金属渗透对阴极的影响　　103

第 4 章　可润湿性复合阴极材料的抗渗透结构　　108

  4.1　引言　　108
  4.2　实验电解槽结构的设计与选择　　108
  4.3　电解实验过程　　111
  4.4　阴极的电解膨胀　　112
  4.5　阴极的低温电解腐蚀行为　　119
  4.6　阴极抗渗透性能机理研究　　130
  4.7　改性沥青基可润湿性阴极的电解膨胀性能　　136

第 5 章　基于惰性电极（阳极和阴极）的新型铝电解槽　139

  5.1　现行电解槽阴极结构　　139
    5.1.1　槽壳结构　　139
    5.1.2　内衬结构　　140

　　5.1.3　筑炉的基本规范 142
　5.2　新型槽结构 157
　　5.2.1　单独采用惰性阳极的电解槽 157
　　5.2.2　单独采用可润湿性阴极的电解槽 157
　　5.2.3　联合使用惰性阳极和可润湿性阴极的电解槽 160
　　5.2.4　新型铝电解槽的未来发展 163

第1章 绪 论

1.1 引言

铝是一种呈银白色的轻金属,在地壳中的储量居第三位(约为8%),由于其具有比重小、质地坚、耐腐蚀、易导电、易延展等优良特性,成为仅次于钢铁的第二大常用金属。自从1886年Hall和Héroult提出利用$Na_3AlF_6 - Al_2O_3$熔盐电解法炼铝以来,该法一直是工业炼铝的唯一方法,其原理是将直流电通入电解温度为940~960℃的电解槽中,在碳素阴、阳极上发生电解反应,分别生成金属铝液、CO_2和CO等产物[1~5]。

进入21世纪以来,全球铝工业得到了迅猛发展,原铝产量剧增。2007年全球原铝产量达到2480.3万t[6]。2008年金融危机后,世界原铝产量出现了一定程度的下降,但2009年仍保持在2339.9万t的较高水平[7]。同时,铝工业技术、装备及管理水平也得到了大幅提高,从全世界范围内来看,呈现三个明显的趋势:一是世界铝工业的组织结构日趋规模化、集团化和国际化;二是铝电解槽日趋大型化或超大型化,其科技含量、智能化程度越来越高;三是电解铝生产的技术经济指标向着高产、优质、低耗、长寿和低污染的方向加快进步。以法国的彼施涅公司为代表,其研制的500 kA特大型预焙铝电解槽,电流效率达95%,它的成功标志着世界铝工业进入了一个新的发展时期[8,9]。

我国铝电解工业是新中国成立后逐渐发展起来的。尤其是20世纪90年代以来,我国铝工业进入了一个高速发展时期,大型预焙铝电解企业在国内各地相继建立并投产[10~13]。原铝产量自2002年以来一直保持世界第一,同时,自2005年以来原铝消耗量也一直位居世界第一[14~15]。目前,我国电解铝产量约占全球总产量的32.7%,原铝消费量也达到了全球消费总量的30%以上,人均铝消费量9.7 kg,超过世界平均6.1 kg的水平,已成为推动世界铝工业发展的重要力量,并成为全球最大、最具活力的铝消费市场[16]。与此相应,我国铝电解技术也获得了长足的发展。在预焙铝电解技术进步的基础上,国内大容量铝电解槽开发技术取得了多项成果。以中国铝业兰州分公司400 kA大型铝电解槽为代表的一系列拥有自主知识产权的铝工业成套技术与装备,大幅度提高了我国铝产业的技术装备水平,为我国参与国际竞争,提供容量更大、技术更先进的电解槽技术打下了坚实基础；此外，中国铝业公司郑州研究院和中南大学合作进行了 600 kA 超大型铝电解槽的前期研究，它的研制成功也将能极大推动我国铝工业向前的发展[17~20]。

尽管铝电解工业获得了巨大的发展，但现行原铝生产工艺仍然存在许多缺点和不足[21~26]：

(1)电解过程需消耗大量的优质碳素。虽然吨铝理论炭耗仅为 333 kg，但由于发生铝的二次反应以及碳素阳极的空气氧化、CO_2 氧化及碳渣脱落，致使实际的吨铝阳极净耗量达到 500~600 kg。同时，频繁的阳极更换，使生产过程复杂化，自动化过程受限。

(2)环境污染严重。目前世界范围内，吨铝 PFC 排放中值为 0.26 t CO_2 - eq/tAl，而我国则高达 0.69 t CO_2 - eq/tAl。发生阳极效应时，还会产生 CO、CF_n 等有毒气体；此外，铝电解用碳素电极材料的生产过程以及电解铝厂所产生的废旧内衬均会对环境造成污染。

(3)碳素阴极与铝液的润湿性差，电解槽在生产过程中不得不保持一定高度的铝液。为了防止铝液运动和界面形变影响电流效率，需采用较高的极距，这导致了生产过程能耗的提高。

(4)由于采用碳素阴极，生产过程中，碱金属渗透进入阴极碳素材料中形成插层化合物，导致阴极膨胀甚至开裂，这是导致电解槽破损的一个重要原因，直接导致电解铝厂投资和原铝生产成本的增大。

(5)单室水平式电极，单位面积的产率低，能量利用率不足 50%，生产成本高。在全世界能源日趋紧张的今天，在各国政府加快构建以低碳排放为特征的工业体系的要求下，迫切需要开发出一种具有高效率、低能耗、低成本、无污染(或少污染)的炼铝新工艺[27~31]。

低温铝电解由于具有能够有效地提高电流效率、提高原铝纯度、降低能耗、延长电解槽使用寿命等一系列优点，故已成为世界铝业界最为活跃的研究课题之一。自 1979 年 Sleppy 提出低温铝电解的概念以来[21]，相关学界对此展开了大量的针对性研究工作并发现，Al_2O_3 在电解质体系中的溶解度和溶解速度是低温电解质体系能否成功应用的最关键因素。因为在低温条件下电解时，Al_2O_3 溶解度低，即使 Al_2O_3 浓度趋于饱和，电解也只能在很小的电流密度下进行，随着阳极表面附近 Al_2O_3 浓度的降低，阳极电位升高，阳极表面氧化物与电解质反应同样会加剧。为了使电解顺利进行，在电解质中必须有过量未溶的氧化铝存在，以及时补充电极附近消耗的氧化铝，使电流密度能保持合理的大小，但是这样很容易造成大量的 Al_2O_3 沉淀[32~35]。

目前，低温电解质体系的研究工作主要集中在钠冰晶石 - 氧化铝体系、锂冰晶石 - 氧化铝体系以及钾冰晶石 - 氧化铝体系这三种[35~38]。通过电解实验发现，对于钠冰晶石体系而言，随着电解温度的降低，电解质和铝液的密度之差减小，电导率降低，局部初晶温度增高，氧化铝溶解度降低[25, 39]；对于锂冰晶石体系而言，虽然其电导率是三种体系中最大的，铝液在其中的溶解损失也最小，但氧化铝在其中的溶解度较低，电解时电压波动不稳定[25, 38~40]；而在钾冰晶石体系中，电导率比钠冰晶石体系略低，钾对阴极的渗透作用较强，但氧化铝的溶解度和溶解速度却占绝对的优势[25, 38]。比较上述三种电解质体系的理化性质，结合铝电解工业生产的实际情况，并考虑到氧化铝在电解质体系中的溶解度和溶解速度等问题，可以看出，钾冰晶石体系是一种极具优势的低温铝电解体系。然而，与普通 Na_3AlF_6 电解质体系相比，该体系中所含的 K 有着更低的离子势，电解过程中，更加容易渗透进入阴极内部，形成相应的 C_xK 插层化合物，对阴极产生强烈的破坏作用，严重影响铝电解槽的使用寿命和正常的工业生产。有报道甚至认为[25, 38, 40]，钾有着数十倍于钠的渗透能力，钾对阴极有着极强的（膨胀）破坏作用，单一钾冰晶石作为电解质时，阴极使用寿命大为缩短，槽寿命降低。而电解槽作为铝电解生产的关键装备，其使用寿命的长短，不仅影响着电解铝的生产成本及原铝产量，而且关系到废弃内衬所引起的环境污染等问题。针对这一问题并综合考虑阴极寿命和氧化铝的溶解性能，一方面，可以考虑使用钾冰晶石和钠冰晶石的复合电解质体系来降低熔体对阴极的破坏作用；另一方面，需要开发出一种具有高耐腐蚀性能的铝电解用阴极。TiB_2 基可润湿性阴极由于具有良好的铝液润湿性，电解过程中，铝液可以对阴极起到很好的保护作用，因而成为一种很有潜力的、有望能够抵御含钾低温电解质熔体强腐蚀性的铝电解惰性电极系统用阴极材料。

虽然碳素材料在熔盐电解质中有着较为稳定的理化性能，但一个至关重要的问题就是其与铝液之间的润湿性较差，在电磁力的作用下铝液会剧烈旋转波动，极易与阳极气体接触，发生氧化反应，降低电解槽的电流效率，因此阴阳极之间必须保持 4~6 cm 的距离，两极的电压降达到 1.3~2.0 V，高于氧化铝的分解电压 1.2 V[41~42]。

1.2　现行铝电解工艺的弊病

传统的 Hall-Héroult 熔盐铝电解槽采用 Na_3AlF_6 基氟化盐熔体为溶剂，Al_2O_3 溶于氟化盐熔体中，形成含氧络合离子和含铝络合离子。由于氟化盐熔体的高温（950℃左右）强腐蚀性（除贵金属、碳素材料和极少数陶瓷材料外，大多数材料在其中都有较高溶解度），自 Hall-Héroult 熔盐铝电解工艺被发明以来，一直采用碳素材料作为阴极材料和阳极材料。在碳素阳极和碳素阴极间通入直流电时，含铝络合离子在阴极（或金属铝液）表面放电并析出金属铝；含氧络合离子在浸入电解质熔体中的碳素阳极表面放电，并与碳阳极结合生成 CO_2 析出。电解过程可用反应方程式简单表示为：

$$Al_2O_3 + 3/2C === 2Al + 3/2CO_2 \uparrow \qquad (1-1)$$

1.2.1 碳素阳极消耗及其带来的问题

在电解过程中，碳素阳极是消耗性的，故碳素阳极必须周期性地更换，由此带来了多方面的问题：

1. 消耗优质碳素材料

如果按电流效率为 100%、阳极含碳量为 100%，则吨铝理论碳阳极消耗量为 333 kg，但是由于发生 Al 的二次反应(电流效率低于 100%)以及碳素阳极的空气氧化、CO_2 氧化及碳渣脱落，致使实际的吨铝碳阳极净耗量超过 400 kg。

2. 导致环境污染

表 1-1 所示为现行 Hall - Héroult 铝电解生产过程的吨铝等效 CO_2 排放量。其中，铝电解过程中产生大量温室效应气体(GHG)或有害气体，主要包括三部分：①电解反应过程中，产生含碳化合物(CO_2 和少量 CO)；②发生阳极效应时，放出 CF_n；③所用原料中含 H_2O 时，可与氟化盐电解质反应产生 HF(在现代铝电解生产中大部分 HF 被干法净化系统中的 Al_2O_3 吸收并返回铝电解槽中)。

表 1-1 现行 Hall - Héroult 铝电解生产过程的吨铝等效 CO_2 排放量

单位：t

生产工序	水电或核电	天然气火力发电	煤炭火力发电	世界平均值
铝土矿与氧化铝生产	2.0	2.0	2.0	2.0
碳素阳极生产	0.2	0.2	0.2	0.2
电解过程	1.5	1.5	1.5	1.5
阳极效应	2.0	2.0	2.0	2.0
发电过程	0	6.0	13.5	4.8
总排放量	5.7	11.7	19.2	10.5

电解反应所排放的含碳化合物主要来自三个方面：①阳极反应产生 1.22 kg CO_2/kg - Al；②阳极的空气氧化产生 CO_2 0.3 kg/kg - Al；③另外，每吨原铝电解消耗电能(15000 kW·h)，依所采用能源种类不同，发电过程中排放 0～16 kg CO_2/t - Al，按目前能源结构，平均吨铝耗电所引起的 CO_2 排放量为 4.8 kg。因此每吨铝生产所排放的 CO_2 达到 6.32 kg。

发生阳极效应时，所排放的 CF_n 主要为 CF_4 和 C_2F_6，这两种温室气体的 GWP（global warming potential，用于表征各类气体相对于 CO_2 的相对温室作用大小）分别达到 6500 和 9200，阳极效应气体的当量温室作用（平均值为 2.0 kg CO_2/kg − Al）主要取决于阳极效应系数和效应时间，这又主要取决于电解槽结构，特别是下料方式及其控制系统。

在碳素阳极生产过程中也产生 CO_2，按吨铝碳素阳极消耗量，可计算出碳素阳极生产相应的吨铝 CO_2 排放量为 0.2 kg。另外，碳素阳极生产过程中，产生大量沥青烟气，主要为多环芳香族碳水化合物，也会对环境造成污染。

3. 影响电解槽正常操作的稳定性

一方面是由于阳极的频繁更换使电解槽的电流分布和热平衡受到干扰，维护和更换阳极需要较多的工时和劳动力，增加了生产成本。另一方面是由于碳阳极不均匀的氧化和崩落，使电解质中出现碳渣。

1.2.2 碳素阴极与铝液不润湿及其带来的问题

现行铝电解槽一直采用碳素材料作为铝电解槽的阴极材料。金属 Al 液与碳阴极材料表面的润湿性差，为了不使碳阴极表面暴露于电解质中，电解槽中不得不保持一定高度的铝液。铝液在电磁力的作用下发生运动并导致铝液与电解质界面的变形，并且铝液高度越低，铝液运动越强烈，这就是现行铝电解槽的铝液高度必须保持在 15 cm 以上的原因。为了防止铝液的运动和界面形变影响电流效率，电解槽不得不保持较高的极距（如 4 cm 以上），这又是现行铝电解槽必须保持较高槽电压（因而能耗高）的重要原因。据测算统计，铝电解槽两极间的电压降在 1.3～2.0 V，相比碳阳极铝电解电化学理论分解电压 1.2 V，可以看出，现行铝电解工艺很大一部分能量消耗在两极之间，如果能够适当地减小极距，可以大幅度地节约吨铝能耗，降低原铝生产成本。

另外，金属铝与碳素阴极在电解温度下可反应生成 Al_4C_3，在铝液对阴极未覆盖好的时候，Al_4C_3 将直接与电解质接触并溶解到电解质中，进而促进 Al_4C_3 的生成和阴极的腐蚀。

1.2.3 碳素内衬材料带来的其他问题

铝电解过程中，阴极表面不仅电沉积析出金属铝，同时还会析出金属钠。现代预焙铝电解槽启动时，首先灌入电解槽的是熔融冰晶石电解质，钠的析出尤为迅速。另外，金属铝与 NaF 发生置换反应也能生成 Na。钠渗透进入阴极碳素材料中形成插层化合物，导致阴极体积膨胀，甚至开裂。这成为导致电解槽破损的一个主要原因，电解槽破损无疑增大了铝电解厂的投资和原铝的生产成本。

铝电解槽破损后产生大量废旧内衬，按目前电解槽寿命估计，每生产 1 t 金属铝产生 30~50 kg 废槽内衬。废槽内衬中除了约 30% 的碳质材料外，还含有冰晶石、氟化钠、霞石、钠铝氧化物、少量的 α - 氧化铝、碳化铝、氮化铝、铝铁合金和微量氰化物等。铝电解槽的废旧内衬是一种污染性固体废弃物，其中氰化物为剧毒物质，氟化钠具有强烈的腐蚀性。当废槽内衬遇水(如雨水、地面水、地下水)时，所含氟化钠和氰化物将溶于水，使 F^- 和 CN^- 混入江河、渗入地下污染土壤和水源，会对周围生态环境造成长期的严重污染。为此，人们一直开展研究力图解决或减缓由此带来的问题，目前采用高温焚烧碳素内衬法以取出其中的有毒化学物质，回收有价氟化物如 AlF_3，并使残余物质呈化学惰性。

另外，传统铝电解槽采用碳素材料为侧壁内衬，为减少侧部氧化与导电，需要强制侧部散热以形成侧部结壳，导致能量消耗。

1.2.4　铝电解槽的水平式结构及其带来的问题

现行 Hall – Héroult 电解槽使用碳素阳极和表面水平的炭内衬作为阴极，电解析出的铝蓄积在槽底碳阴极上部，形成一个铝的熔池，并作为实际的阴极。阳极用卡具固定在其导杆悬挂于槽上部的阳极横梁上，碳素部分的下端浸入槽内的电解质中，并接近槽底的铝液表面。阴极炭块内部嵌入方钢，一端伸出槽外，与外部阴极母线相连。电流由槽外立柱母线进入软带母线，并由软带母线进入阳极横梁，经阳极到电解质和铝液，再由阴极经阴极钢棒流到与下一个槽的立柱母线相连的阴极母线中，形成一个完整的电流通道。

现有的 Hall-Héroult 铝电解槽，尽管尺寸和电解工艺各不相同，但都存在一个普遍的问题——电能效率较低，一般为 45%~50%。除了理论上将氧化铝还原成铝所需的能量外，实际电解生产其余的电能均以热量的形式向外散失。造成理论与实际能耗存在如此大的差异的主要原因就在于现行的 Hall – Héroult 铝电解槽采用水平式结构，并且高极距作业，使得电解槽产能低、槽电压高。

电能效率低造成了工业电解槽上巨大电能无谓的消耗，也激发了人们寻求新型铝电解槽及其他铝冶炼新工艺以降低能耗的热情。铝电解槽节能降耗的手段有两种，一种是提高电流效率，另一种就是降低槽压，降低极距。然而现有大型预焙铝电解槽电流效率最高已经达到 95% 以上，再通过各种手段提高电流效率以减少能耗，收效不会太大，甚至可能得不偿失。而现有预焙槽极距一般在 4 cm 以上，使极间压降达到 2 V 以上，这为通过减小极距降低能耗提供了很大的空间。但是对于现有普通预焙槽，极距降低就会影响到电解槽的热平衡，另外即使在热平衡允许范围内极距也不能降低太大，主要是因为极距降低容易引起电解不稳定，使铝液产生波动，降低电流效率。为了有效降低铝电解槽极距，从而降低能耗，就需要对现有电解槽结构进行改进，采用新型电解槽结构。

1.3 现行铝电解用碳素阴极

铝电解用碳阴极部分是由底部炭块、侧部炭块、连接炭块的阴极炭糊(包括周边糊、炭间糊、钢棒糊)和炭胶泥等组成的电解槽槽腔(图 1-1)。阴极炭块位于铝电解槽底部,其外部被耐火材料和钢壳包围和加固。碳阴极作为铝电解槽的最内层衬里,直接盛装铝液和电解质,并将直流电流导出槽边外,它是铝电解槽最重要的组成部分之一。

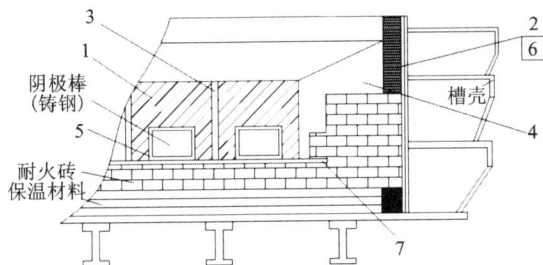

图 1-1 大型预焙铝电解槽内衬阴极材料结构图

1—底部炭块;2—侧部炭块;3—炭间糊;4—周边糊;
5—钢棒糊;6—炭胶泥;7—炭垫

铝电解生产对碳阴极的要求是耐熔盐及铝液侵蚀,有较高的导电率、较高的纯度和一定的机械强度,以保证电解槽的寿命和有利于降低铝生产成本。碳阴极的材质状况、安装质量及工作状况对铝生产的电流效率和电能消耗影响甚大。阴极电压降(又称炉底电压降)占铝电解槽电压降的 10%~15%。铝电解生产中,把碳阴极因受熔盐和铝液侵蚀、冲刷,及热应力作用等而变形、隆起、断裂等称之为阴极破损。严重的阴极破损需要停槽,更换阴极内衬,即进行电解槽大修。

作为铝电解槽阴极结构的主要组成部分,阴极炭块在铝电解生产中既承担着阴极导电体的作用,要求具有良好的导电性能,又作为电解槽的主体内衬材料,要求在高温下具有抵抗槽内冰晶石熔体侵蚀的能力,这对延长电解槽的寿命具有重要的意义。

1.3.1 阴极炭块的种类及阴极性能要求

1. 阴极炭块的种类

通常铝电解阴极炭块按照生产中所用材料进行分类,按照国际上通用的方法可将铝电解阴极炭块分为四类:

(1)半石墨质阴极炭块

这种炭块的骨料主要成分是半石墨质材料,黏结剂为沥青,成型后焙烧到

1200℃左右。

（2）半石墨化阴极炭块

这种炭块经过两步加热处理：第一步，成型后阴极炭块在焙烧炉里焙烧；第二步，经焙烧过的炭块再送到石墨化炉内热处理，温度到2300℃左右，使其成为半石墨。

（3）石墨化阴极炭块

这种阴极炭块具有与半石墨化完全相同的过程，所不同之处是焙烧而成的炭块在石墨化炉中的最终热处理温度为2600~3000℃，使其炭块整体完全石墨化。

（4）无烟煤质炭块（无定型炭质炭块）

这类炭块其骨料是无定型炭（煅后无烟煤），或添加部分石墨质材料，其成型后的炭块在焙烧炉中焙烧到1200℃。根据这类炭块所用原料——无烟煤被煅烧的方式或温度的高低，又可分为如下两类：

①低温煅烧无烟煤炭块，又称燃气煅烧无烟煤炭块。

这种炭块所用的原料主要是低温煅烧的无烟煤（用固体、液体或气体燃料燃烧后生成的燃气煅烧而成的），其煅烧温度约1300℃。

②高温煅烧无烟煤炭块，又称电煅无烟煤炭块。

这类炭块所用的主要原料为由电气煅烧炉生产的高温煅烧无烟煤（电极附近、靠近电极处煅烧温度高达2300℃，炉芯温度1600~1900℃，靠近炉壁1200~1300℃）。在电煅炉中，部分煅烧无烟煤被石墨化。

在上述的几种阴极炭块中，国内外最广泛使用的是无定型炭质炭块，特别是电煅无烟煤炭块。半石墨质炭块和石墨化炭块也在试用中。

2. 阴极炭块的性能评价

阴极炭块的主要性能指标包括导热率、电阻率、抗热冲击性能、抗冲蚀能力、抗压强度、抗 Rapoport 效应（抗钠渗透）等，表1-2是4种阴极炭块的基本性能要求。

表1-2　4种阴极炭块的性能比较

	一般无烟煤阴极炭块	电煅无烟煤阴极炭块	半石墨质阴极炭块	石墨化炭块
价格指数	1	0.8~0.9	1.5~1.7	2~3
热导率/($W \cdot m^{-1} \cdot K^{-1}$)	8~12	16~20	25~45	>100
电阻率/($\Omega \cdot mm^2 \cdot m^{-1}$)	55~65	40~50	20~25	10~15
抗热冲击性能	可以接受	较好	很好	最好
抗冲蚀能力	最好	好	较差	最差
抗压强度	高	高	次之	最次
抗 Rapoport 效应能力	—	好	好	最好

可以看出，石墨化阴极炭块，无论是导电性能还是抗 Rapoport 效应的能力都是最好的，但其抗压强度和抗冲蚀能力最差，加之其高昂的价格和筑炉费用，至少不太可能在中小型电解槽上推广使用。半石墨质阴极炭块的导电性能、抗热冲击性能以及抗 Rapoport 效应的能力均较石墨化阴极炭块差，但优于无定型炭质炭块，其缺点是抗冲蚀能力和强度指标以及生产成本较高，半石墨质阴极炭块具有再生石墨电极的性质，我国山西晋阳碳素厂已生产这种阴极炭块。半石墨质阴极炭块能否在铝电解槽上推广应用，取决于原料的来源、炭块的生产成本、价格以及铝电解使用这种炭块的技术、经济两方面的效果。正是由于上述原因，无论是国内还是国外都没有对石墨化阴极炭块、半石墨质炭块和半石墨化炭块的应用前景作出肯定的评价。

Rapoport 效应是指在电解过程中，金属钠向阴极内部不断渗透，最终导致阴极炭块的破损。Rapoport 效应是按如下的过程进行的：

（1）在电解过程中在电解槽阴极表面生成金属钠。

（2）阴极表面生成的金属钠通过碳素晶格和（或）孔隙向阴极炭块体内扩散。

（3）金属钠扩散到碳素晶格层内，生成嵌入化合物 C_xNa，引起炭块膨胀和破裂。

铝电解槽由于 Rapoport 效应引起的钠膨胀除了与电解槽的温度、电解质成分和电流密度等因素有关外，还与阴极炭块的原料组成和结构特性有关。

3. 阴极炭块的质量要求及其控制方法

无论是使用哪种类型的阴极炭块，均对尺寸有严格的要求，此外，还必须满足：比电阻小于 60 $\mu\Omega$m，抗压强度不小于 30 N/mm^2；电解膨胀率小于 1.2%；灰分小于 10%；体积密度大于 1.52 g/cm^3。其中电解膨胀率指标是反映炭块在电解过程中耐电解质及钠盐侵蚀性的指标，也有用破损系数表示的（小于 1.5）。

我国铝电解槽阴极平均寿命较国外同类型槽寿命减少 2 ~ 3 年，甚至还要更高。铝电解槽的阴极寿命除了与电解槽的设计、施工、焙烧、启动和操作等诸多因素有关外，阴极炭块的质量也是一个影响寿命的重要因素。因此必须严格控制阴极炭块的质量检测。

下面介绍国外一家铝业公司所属碳素厂生产阴极炭块的质量检测程序及内容：

（1）每个阴极炭块各表面经过机械加工后，外观检测是否有残缺和裂纹。

（2）测量并记录每个阴极炭块的线性尺寸，并计算整体炭块的假比重。

（3）比电阻测定。

（4）假比重测定。

（5）透气性测定。

（6）机械强度测定。

（7）化学杂质分析。

（8）碱金属腐蚀膨胀。

(9)空隙分布试验与测定。

(10)热膨胀试验与测定。

(11)非均质性试验与测定。

以上第(3)~(7)项每隔25块阴极炭块取样,第(8)~(11)项随机抽样。

国外专家还建议,在铝电解阴极炭块的质量检测程序中还应该包括:

(1)电解过程中钠和电解质的渗透性试验(常规检测)。

(2)抗 CO_2 和 O_2 氧化性试验(非常规检测)。

阴极炭块与 CO_2 和 O_2 的反应性能,就炭块本身来说,并非是一个与其质量密切相关的参数。但是炭块与 CO_2 和 O_2 的反应能力的强弱预示着炭块材质的好坏程度,以及炭块焙烧质量的好坏程度。特别需要强调的一点是,对侧部炭块来说,这一质量指标是很重要的,是必不可少的。

国外还发明了一种用超声技术检测炭块内部缺陷和裂纹的技术。该技术与合理的数据处理技术结合起来,使检测的准确度能达到95%。

4. 碳阴极其他部分的性能要求

铝电解槽碳素槽底的总体要求是致密的整体,没有空洞或裂纹;导电率高;钢棒与炭块接触良好;具有足够的硬度,能抵抗电解质与铝液的冲刷和磨蚀;有较小的膨胀系数,保证电解槽工作温度下不破裂。要满足这些要求,除了对阴极炭块进行严格的质量控制外,还必须对各组成部分(如侧部炭块、炭缝糊料、炭胶等)提出严格的质量标准。

对于侧部炭块的要求,除比电阻不作规定外,其余与底部炭块相同;对碳素底糊和炭胶的质量要求为:灰分不大于12%、烧结后试样强度不大于15 N/mm²、试样体积密度不大于1.4 g/cm³、含炭量不大于80%等。

1.3.2 侧部炭块、阴极糊和炭胶泥

1. 侧部炭块

侧部炭块是用于砌筑电解槽侧部,构成电解槽侧部内衬主体(炉帮)的碳素材料。侧部炭块不作为导体,而作为电解槽抗侵蚀的内衬材料。该材料一般不与熔融的电解质接触,而是被一层凝固的电解质(炉帮)隔开。一旦电解槽过热或受其他条件的影响导致炉帮熔化,侧部炭块就会直接和熔融电解质接触并且被其冲刷或侵蚀,造成电解槽破损;加上部分电流从侧部流过,造成电流的空耗。

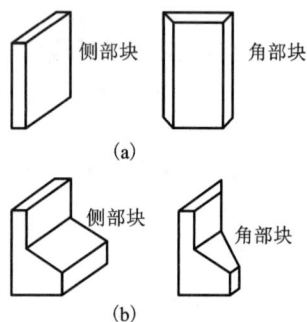

图 1-2 侧部炭块外形结构
(a)普通型;(b)异型

侧部炭块按外形结构分为普通侧部炭块和普通角部炭块以及侧部异形炭块和

角部异形炭块(图 1-2);按照材质可分为普通侧部炭块和半石墨侧部炭块。研究表明,侧部炭块石墨化程度越高,其散热性能和抵抗熔融电解质侵蚀的能力就越强,越有利于炉帮的形成,对延长电解槽的寿命就越有利,表 1-3 为普通侧部炭块和半石墨侧部炭块的理化性能指标。

表 1-3　普通侧部炭块和半石墨侧部炭块的理化性能指标比较(GB 8743—88)

炭块种类		灰分/% (≥)	耐压强度/MPa (≮)	体积密度 /(g·cm⁻³)(≮)	真密度/(g·cm⁻³) (≮)
普通侧部 炭块	TLK-1	8	30	1.54	1.88
	TLK-2	10	30	1.52	1.86
	TLK-3	12	30	1.52	1.84
半石墨侧部炭块		3	30	1.54	1.9

20 世纪 80 年代后期开始研制的炭化硅质侧部材料具有较高的导热性和机械强度,较强的抗冲刷、抗腐蚀和抗氧化能力,且电阻率比较高,是一种较理想的电解槽侧部材料。经过近 20 年的完善和改进,目前已在部分大型预焙槽上推广使用,以克服大型槽侧部炭块易氧化的问题。

2. 阴极糊

阴极糊是用于砌筑电解槽阴极炭块,填充阴极缝隙和黏结阴极钢棒的多灰质糊,又称为捣固糊、扎糊或底糊。阴极糊与阴极炭块一样,也是电解槽底部的砌筑材料,由于它和阴极炭块一样直接与熔融铝液和电解质接触,为了有效地提高电解槽的寿命,必须要求其具有与阴极炭块相似的性质,如灰分含量低,有良好的导电、导热性能,能够抵抗铝液和电解质的侵蚀等。阴极糊与阴极炭块配套使用,普通炭块使用普通阴极糊,半石墨炭块使用半石墨阴极糊。表 1-4 为我国阴极糊理化性能指标。

表 1-4　我国阴极糊理化性能指标

牌号	灰分/% (≥)	电阻率 /	挥发分 /%	耐压强度/MPa (≮)	体积密度/(g·cm⁻³) (≮)	真密度/(g·cm⁻³) (≮)
BSZH	7	73	7~11	17	1.44	1.87
BSTH	7	73	8~12	18	1.42	1.88
BSCH	4	73	9~18	25	1.44	1.87
PTRD	10	75	9~12	18	1.40	1.84
PTLD-1	12	95	≤12	18	1.42	1.84
PTLD-2	10	90	≤10	20	1.42	1.84

3. 炭胶泥

在铝电解槽中，炭胶泥用于黏结电解槽侧部炭块的缝隙。该缝隙很小，故只能用骨料粒度很小的炭质胶泥充填。铝电解槽用炭胶泥采用高温电煅无烟煤、石墨粉料和低软化点黏结剂(煤沥青与煤焦油的混合物)作原料，其基本配比是小于0.15 mm 的粉料和低软化点黏结剂各占50%。炭胶泥的质量指标如下：

灰分	不大于	5%
挥发分	不大于	50%
固定炭	不大于	45%
针入度(20℃)		450°~650°

1.3.3 碳阴极的制备工艺

低灰分无烟煤、沥青焦、石油焦、冶金焦、天然及人造石墨、煤沥青和煤焦油等是制造碳阴极(包括阴极炭块，侧部炭块，捣固炭糊及炭胶)的主要原料。图1-3为碳阴极制备工艺的基本流程。生产炭块和糊料制品所采用的工艺流程和设备基本相同，只是不同厂家生产的不同制品的配方各不一致。

原料经煅烧、破碎并筛分成一定的粒级，按配方计量后加入黏结剂进行混捏，混捏结束后即成为阴极糊料。将糊料经进一步成型、焙烧(有些还要经过石墨化)、机加工等工序，就完成了阴极炭块(包括底部和侧部炭块)的制作。

1. 粗碎和煅烧

进厂的原料有些块度太大，在煅烧前需要将其破碎。煅烧的目的是去除原料中的水分、挥发分和其他杂质，提高原料致密性、热稳定性、机械强度和降低比电阻，为制备在焙烧过程中降低体积收缩和提高成品率打好基础。至于煅烧的设备，根据所达到的温度不同分为两种，一种是回转窑和罐式煅烧炉，它可使煅烧的温度达到1200~1300℃，煅后煤(焦)的真密度大于1.76 g/cm^{-3}，适合于生产普通阴极炭块和配套阴极糊；另一种是使用电气煅烧炉进行煅烧，其特点是煅烧温度高，可达1600~2100℃，其煅后煤(焦)的真密度大于1.8 g/cm^{-3}，适合于生产半石墨炭块以及配套的阴极糊。此外，用该种设备煅烧的原料具有更高的热稳定性和更低的比电阻。

2. 筛分、配料和混捏

煅后煤(焦)与经过脱水的冶金焦、大石墨一起，经破碎、细磨，按一定粒度配比充分混合，在混捏机中与煤沥青等黏结剂一起混捏成炭糊料。根据骨料的粒度和黏结剂煤沥青的配入量不同，糊料分为不同的产品：

(1)用于制造底部炭块和侧部炭块的炭糊。该种糊料要求骨料粒度为10~12 mm，煤沥青配入量16%~18%。

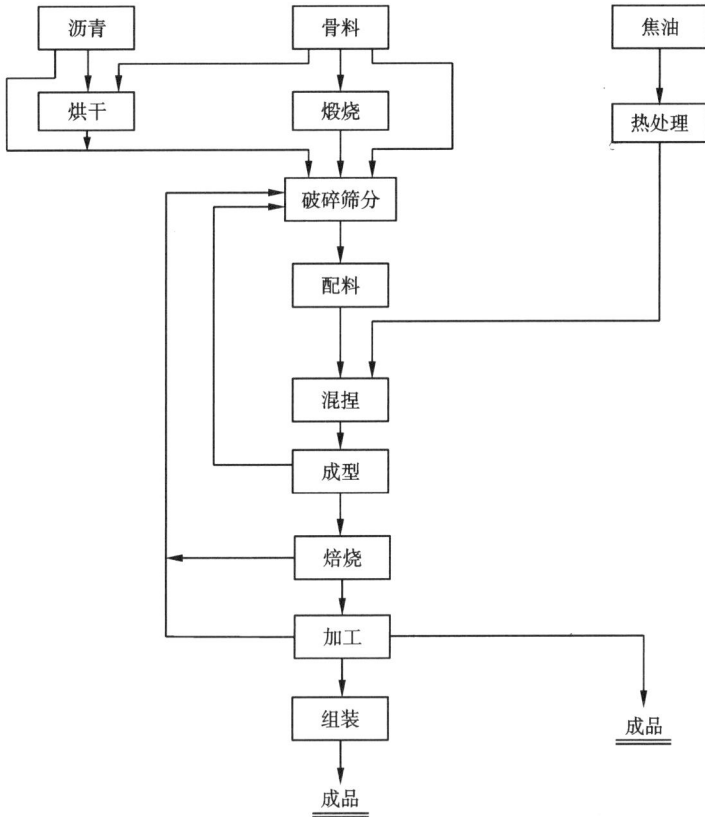

图1-3 铝电解槽碳阴极制备流程简图

（2）捣固糊（又称底糊）。该种糊料是用捣固的方法联结炭块间大缝（大于10 mm）的炭糊料，其配料要求：骨料粒度较小（小于4 mm），沥青配入量适当增加（19%~21%）。此外，为降低底糊的软化点，改善捣固施工环境和强度，可用蒽油、焦油、洗油等代替部分沥青作黏结剂来制造底糊。这种糊称之为冷捣糊。

（3）炭胶。炭胶是挤压黏结炭块间细缝（小于4 mm）的炭糊料。对炭胶的配料要求是：骨料粒度非常细（小于1 mm），黏结剂含量大幅度增加（40%左右）。

混捏工序控制的条件主要是混捏时间、混捏温度和混捏机出口温度。当采用改质沥青或高温沥青作黏结剂时，粉状的固体沥青与碳素骨料同时加入混捏锅内受热混捏。混捏温度应比沥青软化点高50~80℃，和阳极炭块制备中的混捏工序一样，混捏温度必须严格控制，以确保沥青在此期间黏度小、流动性好，从而获得浸润效果最佳的沥青，且容易渗透到骨料空隙中去。若温度不够，则沥青黏度大，混捏时搅刀转动费力，黏结剂与骨料难以混合均匀，影响阳极的物理性能。

当然，温度也不能过高，否则沥青受热开始变化，部分轻质组分逐渐挥发，还有部分组分受空气中氧的作用，发生缩聚反应，使糊料的塑性变差，导致挤压成型的成品率降低。若生产冷捣糊，则一般在室温条件下进行混捏。

3. 成型

阴极炭块根据尺寸的不同，成型方式主要有挤压成型和振动成型。挤压成型效率高、制品规格大，更适合现代大型预焙槽的需要。挤压成型过程是糊料的塑性变形过程，分凉料（110℃）、预压（14.7 MPa）、挤压（9.8 MPa）和产品冷却（30℃水泡 3～5 h）等过程。成型后的炭块（生块）体积密度可达 1.60 g/cm³。

4. 焙烧

生炭块的焙烧是在隔绝空气情况下将炭块缓慢加热到 1250～1350℃（烟气温度）下完成的。焙烧过程中发生黏结剂的热分解、半焦化和焦化，把碳素颗粒固结为致密的烧结块。该工序要求：①焙烧制度必须确保煤沥青产生最大的析焦量；②在产生最大析焦量的同时坯体受热应均匀，确保制品结构均匀且无内外裂纹。烧成后的炭块应具有机械强度高、热稳定性好、导电性好等优点。

在焙烧过程中，生坯加热到 200℃时沥青软化，坯体体积增大且挥发分溢出；升温到 400℃时沥青的黏结能力减弱；在 500～800℃时沥青结焦，坯体体积收缩且导电性和机械强度增加；超过 800℃以后化学变化逐渐停止，但真密度、强度、硬度以及导电性继续提高。对于不再进行石墨化处理的阴极炭块，焙烧是最后一道热处理工序。

5. 石墨化

炭的石墨化是生产人造石墨材料的主要工序，也是炭石墨材料工艺的特点之一。碳素材料的石墨化就是生成石墨型结晶碳的过程。从结构的转化观点来看，石墨化过程就是通过高温把原料中的碳青质（焦炭、碳黑和无烟煤的主要组分）的二维空间结构转化成石墨的三维有序空间结构。高温加热是无定形炭转化为石墨的主要条件，这是石墨化工艺的基础。实验证明，石油焦要加热到 1700℃才进入"三维有序排列"的转化期，而沥青焦要在更高的温度下才进入"三维有序排列"。

对于铝用碳素阴极而言，若生产半石墨化或石墨化阴极炭块，就需要完成石墨化工序。普通炭块经过 2000℃左右的高温热处理就可以完成向半石墨化炭块的转换，若将高温热处理温度提高到 2600～3000℃，就可以完成向石墨化炭块的转换。

石墨化工序有专门的石墨化炉。石墨化炉属于直接加热式电阻炉。它的工作原理是以被石墨化的材料作为电极，将电能转化为热能，因而可以获得高温。石墨化温度的高低取决于引入电能的数量，电能的多少是由物料的电阻与通过的电流决定的，在一定时间内产生的热量可按焦耳－楞次定律确定，见式（1－2）。即：

$$Q = I^2Rt = UIT \qquad\qquad (1-2)$$

式中：Q 表示发生的热量，焦耳；R 表示炉子物料(炉芯)总电阻，欧姆；I 表示通过炉料的电流，安培；t 表示通电时间，秒；U 表示输入电压，伏。

石墨化的生产工序大致可分为：装炉前的准备、装炉、送电、保温、冷却、出炉和石墨化胚的检查等。

6. 加工和组装

焙烧块经机械加工，成为适合于不同电解槽使用的规格尺寸不同的侧部炭块和底部炭块。阴极钢棒为矩形截面或半圆形的铸钢棒，截面尺寸有 115 mm × 115 mm、130 mm × 130 mm、180 mm × 90 mm 等多种。按照所选用的钢棒尺寸，在阴极炭块上加工出安装钢棒的槽形空间(燕尾槽)。用磷生铁浇铸或炭糊捣固的方法把阴极钢棒与炭块连结在一起，这一工作称之为阴极炭块组组装。根据电解槽电流强度的不同，每个电解槽可选用 20 ~ 60 个阴极炭块组，每组炭块的数量和尺寸可以是不相同的。

1.3.4　改善阴极性能的途径

铝电解槽阴极结构的质量不仅是影响电解槽寿命的关键，同时也是电解槽节能降耗的重要途径。作为阴极结构的主体部分，阴极炭块质量的改进具有重要意义。

铝电解槽阴极部分的工作寿命除了与电解工艺和操作水平有关外，还与阴极炭块的原料组成和结构特性有关。现在工业铝电解槽的阴极一般是普通炭块、半石墨质或石墨化炭块，这些制品虽能够较好地满足铝电解生产的需要，但其主要缺点是对铝液的湿润性不好，易受电解质熔体尤其是钠的侵蚀，加速 Rapoport 效应的发生，促使碳阴极体积膨胀和裂缝，导致电解槽早期破损，同时在槽底形成的沉淀不易排出，久而久之形成炉底结壳，造成炉底上抬，炉底压降升高，槽况变差。

为了改善阴极对铝液的润湿性，减缓电解质熔体和钠的渗透，达到稳定电解生产、延长电解槽寿命的目的，近年来可润湿性阴极技术被国内外铝厂广泛采用，成为了电解铝研究领域一项重大的技术进展。在这项技术的研究和使用过程中，TiB_2 被公认为是目前对铝电解槽最为合适的可润湿阴极材料。因为它对铝水有良好的湿润性，能有效防止电解质熔体和钠的侵蚀；同时它又具有良好的导电性和热稳定性。国内外许多实验室研究及工业试验表明，TiB_2 阴极能有效地降低铝液层的厚度，降低极距，降低电耗，维持炉膛规整、减少炉内氧化铝沉淀、提高电流效率，延长电解槽使用寿命。

该项技术根据使用方式的不同分为两种类型，即 TiB_2 阴极涂层技术和 $TiB_2 - C$ 复合阴极技术。前者的基本原理是以有机树脂做黏结剂，采用涂敷的方

法将 TiB_2 作为内衬材料覆盖在阴极炭块的表面,然后随着电解槽焙烧启动,黏结剂炭化,将硼化钛与阴极炭块牢固地结合为一体,使阴极底表面形成了一层牢固的保护层。这种技术成本低、操作简单,目前被许多铝厂采用。此外,国外也有采用电解沉积或等离子喷涂的方法将硼化钛附着在阴极炭块的上表层,效果也好,但技术要求高、涂层制作复杂。$TiB_2 - C$ 复合阴极技术的基本原理是:在阴极炭块振动成型的时候,在经过处理的炭块基体上表面振动压制一层专门配制的 TiB_2 糊料,然后进行焙烧,使 TiB_2 复合层与炭块基体烧结成为一体化复合阴极炭块。工业试验表明,两种方式使用硼化钛均能产生良好的效果。

1.4 铝电解阴极过程

研究阴极过程是提高电流效率、延长电解槽寿命和电极过程平稳进行的基础。对阴极过程的研究,总的来说不如对阳极过程深入和广泛。人们曾经认为阴极过程比较简单,然而,阴极发生的许多情况十分复杂,其真实的机理尚未完全弄清,因此还需要进行详尽的研究。

阴极上发生的主要过程是铝的析出,它的副过程是钠的析出和铝的溶解。

1.4.1 阴极上的主要过程是铝的析出

由于铝电解质中存在的主要离子实体是 Na^+、AlF_6^{3-}、AlF_4^-、F^- 以及 $Al - O - F$ 络合离子,Na^+ 以自由离子的形态存在,铝则以含铝的复合离子形式存在。前已述及,用放射性同位素所作的实验证明,电解时 Na^+ 携带了 99% 的电流,Na^+ 似应优先析出。对于铝电解时究竟是 Al 还是 Na 先在阴极上析出,过去曾有过长时期的争论,并且双方都有实验根据。对此,许多专著都有评述。现在可以确认,在铝电解环境下,Al 比 Na 先电解析出。其主要依据有:

1. 铝电解质的各组分中 Al_2O_3 的分解电压最小,Al 最优先析出

冰晶石 - 氧化铝熔体的主要组成为 Al_2O_3、NaF、AlF_3 和 CaF_2 等,根据捷里马尔斯基(U. K. Delimarsky)的研究,这些组分在氟化物熔盐中的分解电压为:

Al_2O_3(1000℃),2.12 V;

NaF(1000℃),2.54 V;

CaF_2(1400℃),2.40 V;

MgF_2(1400℃),2.25 V。

这些组分中以 Al_2O_3 的分解电压最小,铝离子电性最负,因此,Al_2O_3 首先分解析出铝。

2. Al₂O₃ 分解电压已被精确地确定

Al₂O₃ 是铝电解的主要原料,早先通过热力学计算和实验测定获得了其分解电压的数据,实测数据与热力学理论计算结果都精确地相符。若干结果列于表 1-5。

表 1-5 Al₂O₃ 在冰晶石中分解电压的理论计算值与实验室测定值比较

	温度 T /℃	氧化铝 /%	实验室 测定值/V	理论 计算值/V
Treadwell and Terebesi(1933)	980 1015 1090	饱和	2.169 2.143 2.113	2.208 2.187 2.144
Drossbach(1934)	1060	10	2.06	2.161
Baimakov, et al. (1937)	1000	饱和	2.12	2.194
Mashovets and Revazyan(1957)	1015	饱和	2.12	2.187
Vetyukov and Chuvilyaev(1965)	1020	10	2.11	2.184
Rey(1965)	957	饱和	2.2	2.219
Sterten, et al. (1974)	1000	饱和	2.183	2.194

3. 在铝电解环境下,Al 比 Na 先在阴极上析出

主要依据有:

(1)在铝电解环境下,Na 的析出电位比 Al 更负 250 mV。在 970℃下,当冰晶石和铝处于平衡时,根据 Al 中的 Na 含量,测出 Na 活度,再由 Na 的活度算出 Na 析出的电位差。Feinleib 和 Porter 首先采用 Pb - Na 合金测定了 Na 的活度,并用下式计算出 Na 析出的电位差:

$$\Delta E = \frac{RT}{F} \ln \frac{a_{Na}}{\underline{a}_{Na}} \tag{1-3}$$

式中:$\underline{a}_{Na}$ 为 1 大气压下的 Na 活度,液态 Na 为标准态。

在 970℃时,在冰晶石熔体中,Al 中 Na 的活度约为 0.10,相应的电位差值为 160 mV。在 1000℃下,Na 的活度为 0.05,此时的电位差值为 -250 mV,此种 Na 的活度相当于 Al 中的 Na 含量为 70×10⁻⁶(分子比 CR = 2.0)或 200×10⁻⁶(CR = 3.0)。结论是,在 1000℃的冰晶石熔体中,Na 的析出电位比 Al 的负 250 mV。

(2)Belyaev 和 Abramov 等在他们的铝电解专著中,也论证了铝的首先析出,并用实验支持了这一观点。

(3)熔盐电化学的研究表明,在 14 种卤化物熔体中,从 Na⁺ 和 Al³⁺ 的电化序比较来看,Na⁺ 的位置在 Al³⁺ 之前,即 Al³⁺ 比 Na⁺ 更正电性。因此,电解时 Al³⁺ 应当先于 Na⁺ 析出。由于熔盐中缺乏标准参比电极,不能像水溶液中以标准氢电

极为基准判断金属离子析出的先后次序。在初期，对铝电解中何种离子优先析出，作上述定性的判断曾经是其论据之一。因此，在铝电解环境下，可认定铝应优先放电析出。

1.4.2 钠优先析出的条件

尽管在铝电解环境下铝优先放电析出，但钠与铝的析出电位差仅为250 mV，相差不大。当电解条件变更时，钠也会优先析出，或与铝同时析出。这些条件是：电解温度、电解质的分子比(NaF/AlF$_3$摩尔比)、氧化铝浓度和阴极电流密度。

维邱柯夫(M. M. Vetyukov)研究了工业电解槽内，铝中钠含量与电解温度、电解质分子比及电解质中氧化铝浓度的关系，其结果如图1-4所示。由图(a)可

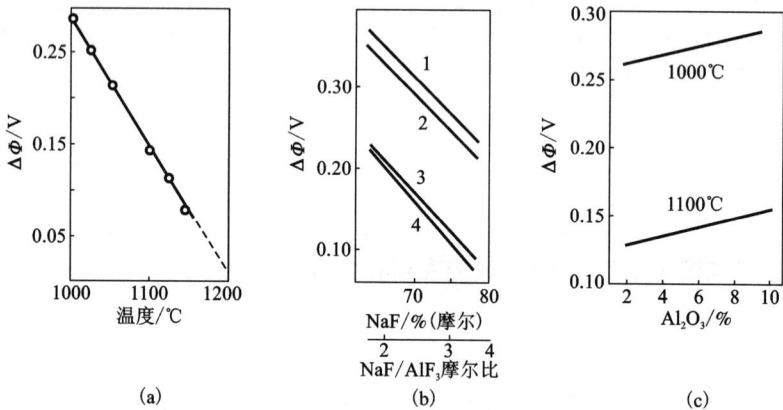

图1-4 钠和铝的平衡电位差值随温度、分子比和氧化铝浓度的变化

(a)温度的影响；(b)1—工业电解质，1.5% Al$_2$O$_3$，1000℃；2—无添加物，1.5% Al$_2$O$_3$，1000℃；3—无添加物，3.5% Al$_2$O$_3$，1100℃；4—无添加物，1.5% Al$_2$O$_3$，1100℃；(c)冰晶石分子比为2.5

见，温度升高，钠析出的电位差值急剧下降。在工业槽上，当电解槽过热时出现黄火苗，即表明钠的大量析出，钠蒸气与空气作用而燃烧，火焰为亮黄色，这是电解槽过热的标志，从图(b)可以看出，当分子比增加时，钠析出的电位差随即减小；(c)图表明，在不同温度下氧化铝浓度的减小都容易造成钠的析出。电解质分子比的影响从图1-5看得更清楚，该图

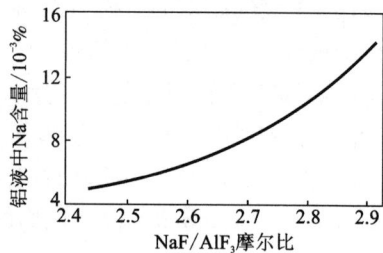

图1-5 工业电解槽内 Al 中 Na 含量与 NaF/AlF$_3$ 分子比的关系($t = 960℃$，$d_{阴} = 0.65$ A/cm^2)

为工业电解槽内铝中钠含量与分子比的关系,当分子比增加时,铝中钠含量显著增加,例如分子比为 2.9 时,铝中钠含量为 0.014%,当分子比为 2.4 时,减少到 0.004%,可见减少分子比可以减少钠的析出量。因此在工业槽上,为防止钠的析出,通常使用低分子比和较低的电解温度,以及保持相对高的氧化铝浓度为好。

归纳起来,在电解条件下钠可能优先析出的条件是:

(1)电解槽温度升高;

(2)电解质的分子比增大;

(3)阴极电流密度增大;

(4)电解槽局部过冷,使该处阴极附近电解质中钠离子向外扩散受阻,此时该阴极区内电解质中 NaF 含量高,Na 有可能优先析出。

1.4.3　阴极过电压

1. 阴极过电压是一种浓差过电压

总结前人的研究工作可知,在 970 ~ 1010℃温度下,阴极电流密度为 0.4 ~ 0.7 A·cm^{-2}的情况下,阴极过电压为 50 ~ 100 mV。同时也指出,阴极过电压是一种浓差过电压,由传质所控制,即过电压的大小取决于电解槽结构和槽内液体流动状况。因此,通过搅拌熔体可以大大地减少这种过电压,更为特别的是,反应物的传质系数是决定性的因素,它也由扩散系数与边界层厚度之比来确定。

2. 电解质/阴极界面上离子实体的迁移

在阴极的扩散层,离子实体是怎样扩散出去,又是怎样迁移进来的,图 1-6 是边界层中传质的示意图。

简言之,Na$^+$携带电流迁移到界面,Al^{3+}在界面上放电,形成的 NaF 扩散离开。在界面层只有含铝的络合离子和 F$^-$运动到边界层。虽然,F$^-$移向边界层,由于在铝放电以后,要保证电中性,F$^-$还是要从阴极离开。

图 1-6　阴极区 Al 液与电解质界面上发生的电子、离子、与反应产物传递示意图

Polyakov 等根据以上的概念进行了电动势和过电压的测量。电动势的数据与早先发表的数据相符合。研究结果表明,阴极的浓差过电压是受自然对流所支配的。在酸性熔体中,边界层内电解质的密度比电解质本体的更高些,因而促进了自然对流;而在碱性熔体中,情况正好相反。测定发现,在酸性熔体($CR = 1.6$)中,阴极过电压比碱性熔体($CR = 4.6$)中要高。

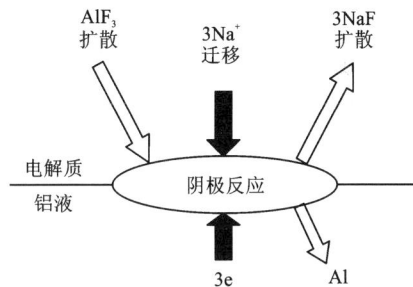

邱竹贤等测定了不同分子比和温度对阴极过电压的影响。阴极过电压随分子比的降低和温度的降低而增加，但是不清楚哪一个参数更为优先，分子比与阴极过电压的关系同 Polyakov 等的结果相符合。

3. 工业电解槽的阴极过电压

在工业电解槽上进行阴极过电压的测定很难获得满意的精确度。由于电解质或金属的界面总是在波动，安放参比电极很有问题。早先曾用钨探针放进和拿出铝液层进行测定，得到阴极过电压为 100 mV 左右。后来，继续测定得到过 50 ~ 100 mV 的数据。此后，还有一些研究者测得的数据是 40 ~ 120 mV。因此，认为阴极过电压是根据阴极表面位置的不同，数据有所变化，取决于该处的电流密度和传质速率。

1.4.4　钠的析出及其行为

1. 阴极上钠的析出可以视为阴极的副过程

2. Na 析出的条件

前已述及，在冰晶石－氧化铝熔体中钠与铝的析出电位相近，在铝电解的正常条件下，铝的析出电位比钠要高出 250 mV，只有在温度升高，分子比增大，以及阴极电流密度增大的情况下，钠的析出电位可高出铝的析出电位，这时钠便从阴极上析出。

3. 析出钠的去向

研究表明，在高温下，阴极上析出的钠有三个去向：①成为蒸气在离开电解质时与氧或空气接触燃烧；②直接进入阴极铝中；③进入电解质。通常人们比较容易测定进入铝中的钠含量。

4. 铝中钠含量

图 1 - 7 是分子比与铝中钠含量的关系。

铝中钠的平衡含量在分子比 2.2 ~ 2.7 时为 60 ~ 130 μg/g。其他人的研究结果和他的相近，但是添加 LiF 后，铝中钠含量会降低。Tingle 又指出，在工业槽上，铝中钠含量总是高于平衡数据，其原因是，所测定

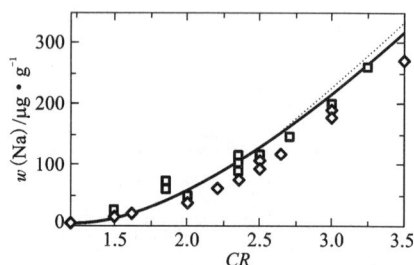

图 1 - 7　1000℃下 Al 中 Na 的平衡含量与分子比的关系

的电解槽的磁场补偿比较差，铝在槽中流速较高，铝中钠含量一般为 60 ~ 80 μg/g。后来，有人在现代大型槽上又进行了测定，这种槽中的金属流速较低，铝中钠含量高达 100 ~ 200 μg/g，显然高于平衡数据，认为这是在铝和电解质的界面处有高的钠的浓度梯度存在所导致的。

5. Na 向碳素阴极渗透

铝中钠的主要去向是向碳素内衬渗透。钠进入碳素阴极和内衬以后，就会引起阴极的体积膨胀和开裂。

关于钠进入碳素材料的研究，已有大量的工作。在 400℃ 时，钠的原子嵌入石墨的层间将会引起石墨的晶格参数发生改变，由原来的 3.35 Å 增大到 4.6 Å，石墨晶格的膨胀导致碳素内衬的隆起和剥落。在该反应中（1000℃下），钠的活度等于 0.034，相对应于此时钠的蒸气压 $P_{Na} = 6.08$ kPa。随着分子比的增加，钠的活度也增加，钠进入炭层后可生成嵌入化合物 $C_{64}Na$ 和 $C_{12}Na$。Na 是渗透的主要物质，随着电解质中分子比的增加，Na 的渗入速度和饱和浓度也增加，但是随着碳素材料的石墨化程度的提高而减少，另外还发现钠是一种有利于熔体渗透的湿润剂。电解质向碳素材料的渗透由于碳素材料的通电（极化）和生成了氮化物而得到加强。NaCN 直接由有关元素生成，但是不稳定，在含氮丰富的气氛中，在电解质中能生成 AlN。

槽内有 Al_2O_3 沉淀会加剧钠引起的炭块膨胀。与没有生成沉淀的电解质相比，在酸性电解质中形成氧化铝沉淀的情况下，钠引起的膨胀增大 25%。其原因是，电解质与碳阴极的湿润性变差和沉淀中传质情况变差，铝析出的过电压增高，因而引起钠的析出增强。与没有生成沉淀的电解质相比，在碱性电解质中形成氧化铝沉淀的情况下，钠膨胀增大 154%，这是由于生成了 $\beta - Al_2O_3$，后者是一种快离子导体，因而使钠膨胀有很大的增加，这将引起炭块的总体膨胀达到 3.4%。显然，碱性电解质是引起钠膨胀的重要原因。因此，这项研究对电解槽启动时采用大量碱性物料是否恰当引起了质疑。

1.4.5 阴极的其他副过程

阴极的副过程除了钠的析出外，还生成碳化铝、碳钠化合物和氰化物。

1. 生成碳化铝

碳化铝是一种黄色化合物，遇水立即分解，生成氢氧化铝和甲烷，通常在碳阴极上容易生成，它影响铝的质量和阴极的寿命。

阴极上生成碳化铝的反应是同析出铝的主反应同时进行的，生成的碳化铝存在于阴极炭块表面和炭块的缝隙中。关于阴极上生成碳化铝，有学者提出了两种反应机理：①铝和碳之间的化学反应。在有冰晶石存在时，反应可以得到催化加速，因而能在较低的温度下生成，冰晶石的催化作用可解释为冰晶石能溶解铝表面上的氧化膜，使新鲜的金属铝同碳之间更容易进行化学反应而生成碳化铝；②铝和碳之间的电化学反应。这是由于在电解槽内碳阴极内出现微型原电池，其中铝液成为阳极，炭块成为阴极，阳极上发生生成氧化铝的反应，阴极上则发生生成碳化铝的反应。

在阴极炭块和槽侧壁炭砖中生成的碳化铝，可以不断地被溶解在电解质中，这样就会在原先的碳素材料上形成腐蚀坑，腐蚀之后暴露出来的新鲜炭表面还会生成碳化铝。因此久而久之，就会造成阴极炭块的损耗。研究表明，在电解温度下，碳化铝在电解质中的溶解度大约是 2.5%，在铝液中溶解度约为 0.01%，因此碳化铝是造成电解槽碳素内衬破损的原因之一。

2. 生成碳钠化合物

由于电解槽启动初期的条件适合钠的析出，钠将优先析出，这时一部分金属钠形成蒸气经电解质表面燃烧逸去，另一部分则渗入新鲜的碳素阴极以及微细的缝隙中，生成嵌入式碳钠化合物 $C_{64}Na$ 和 $C_{12}Na$。这种化合物在温度发生变化时，将产生体积膨胀和收缩，而导致炭块中产生裂纹。

3. 生成氰化物

阴极内衬中氰化物是由碳/钠/氮三者反应而生成的。碳即炭块、捣固糊和侧壁炭块，钠是阴极反应的产物，氮的来源主要是空气，由钢槽壳上阴极钢板窗孔处渗透进来，以上三者在阴极棒区发生反应，生成氰化钠（NaCN）。

氰化钠是一种剧毒物质，它遇水分解，产生 HCN 剧毒气体，在电解槽停槽大修时，禁止浇水到废旧内衬上，以防止其中的 NaCN 水解造成中毒事件。

为了防止氰化物的生成，通常的办法是，在阴极碳素底糊中添加 20% 的 B_2O_3。试验证明，底糊中添加 20% 的 B_2O_3 后，氰化物生成量只有 9×10^{-6}，在无添加剂情况下，氰化物达到 1% ~ 1.5%。B_2O_3 除了能抑制氰化物的生成外，还能抑制碳钠化合物的生成，有利于延长电解槽的寿命。

1.5　可润湿性阴极的研究现状

为了解决这一问题，从 20 世纪 50 年代开始，人们便一直致力于寻找一种新型的惰性可润湿性阴极。大量的研究使得 TiB_2 脱颖而出，成为一种性价比极为优异的新型铝电解用可润湿性阴极材料。

1.5.1　可润湿性陶瓷材料

TiB_2 的烧结性能一般都较差，通常需通过热压烧结获得，但热压烧结费用极高，难以大规模应用。为此，人们试图通过添加烧结助剂，采用冷压烧结的方法获得相对密度较高的材料。

FINCH[43] 等人研究了不同 Ni 含量对 TiB_2 性能的影响，并在纯铝液中做了抗腐蚀实验。发现添加一定量的 Ni 可显著提高 TiB_2 材料的烧结性能，使烧结温度降低至 1650℃。但电解实验却发现，铝液的腐蚀主要沿晶界进行，形成裂纹后电极失效。添加 10% Ni 的 TiB_2 材料致密度达到 99%，但电解 3 h 后断裂，而添加了 1% Ni，含有 10% 孔隙的材料却有更长的寿命，从而使采用添加助烧剂来提高材料致密度的思路受到很大影响。

其他诸如 TiC、WC、B_4C、CrB_2、Co 等添加剂的使用，都存在着类似上述的晶界腐蚀问题。

为此，20 世纪 70 年代的时候，PPG[44,45] 利用自行研发的高纯 TiB_2 粉末制备了具有完好晶粒结构的铝电解用 TiB_2 阴极材料，但终因制备费用过高、脆性大、抗热震性差等问题而归于失败。此外，即便是材料的制备问题得以解决，这种陶瓷材料与碳基体的结合也是一个非常棘手的问题。

1.5.2　可润湿性涂层阴极

为了降低材料的制备成本，改善材料性能，解决其与碳基体的结合问题，美国 Martin Marietta 公司于 20 世纪 80 年代初提出了 TiB_2 涂层的概念[46]，即利用 TiB_2 与铝液优良的润湿性，以碳胶或无机物溶胶作黏结剂，将 TiB_2 涂覆于现行工业铝电解碳素阴极材料表面并加温固化。之后世界各国的学者纷纷对此进行了一些相关的基础研究，认为涂层的导电性良好，不仅可以大幅度改善铝液与阴极之间的润湿性，而且能够减小阴极的电解膨胀。在 20 世纪 90 年代初，澳大利亚的 Comalco 公司将涂层应用到 25 台斜坡式导流槽上并进行试验[47]，吨铝能耗有所降低。

1.5.3　碳胶可润湿性复合阴极

为了解决 TiB_2 涂层阴极存在的强度低、使用寿命短等问题，1985—1986 年，在美国 Electric Power Research Institute 的资助下，GLR 和 RMC 合作对 TiB_2 – C 复合阴极材料进行了专项考核和评估[48]。所用试样含 TiB_2 为 30% ~ 40%，选定了蘑菇形的阴极构件，并于 1991 年，分别在两台 70 kA 预焙阳极电解槽上进行了工业试验。试验进行了 4 ~ 5 个月，结果表明，ACD 可以降低 2 ~ 2.5 cm，能耗降低 7% ~ 9%，但使用寿命短的问题仍未从根本上得到解决。在电解槽启动 12 天后，试样构件便出现破损，随后不断破裂直至失效。究其原因，制造缺陷和黏结剂的蚀损是构件破损的重要原因之一。

比较上述三种材料的研究结果，我们认为，TiB_2 陶瓷材料由于存在制备费用过高、脆性大、抗热震性差、晶界腐蚀严重等问题，短期内难以得到工业化应用。TiB_2 涂层阴极虽然在使用寿命上存在着一些问题，但由于其在电解槽焙烧启动过程以及电解槽运行初期对碳素阴极良好的保护作用，在对涂层配方包括黏结剂组成进行进一步的优化设计之后，这种类型的惰性可润湿性阴极也将会在一定范围内得到相应的工业化应用。至于碳胶 TiB_2 复合阴极在电解过程中所存在的构件破损、耐腐蚀性能差等问题主要由材料组分（包括骨料、增强剂及黏结剂等）以及焙烧后微观结构的分布均匀性差所致。那么，从材料结构增强剂和黏结剂体系入手，通过改善复合阴极黏结剂组成，优化材料制备工艺技术，TiB_2 基复合阴极仍是惰性可润湿阴极中最具潜力的应用形式之一。

1.6 铝电解槽的破损形式及其原因

随着铝工业的技术进步，世界各国的铝电解槽均向着大型化、高电流的方向发展。作为铝电解生产中最重要的设备之一，铝电解槽寿命的长短决定着电解铝生产企业的经济效益。目前国外电解槽平均寿命可达 2500～3000 天，而我国大型预焙电解槽的平均使用寿命为 1500～1800 天[49~52]，更有甚者，使用几个月后就必须停槽大修。大修期间需要停产，电解槽的内衬材料被拆除并作为固体废弃物被抛弃，这些均需要花费众多的人力和物力，经济损失巨大。大修分摊成本作为铝电解生产成本的主要组成部分，直接影响铝电解企业的正常生产和市场竞争力。为使我国铝电解企业在国际竞争中处于强势地位，尽可能延长阴极内衬的使用寿命仍然是铝电解工作者所面临的重要课题之一[53~56]。

国内外铝业界对于电解槽的破损问题已经展开了大量的研究工作，并发现，多数的槽破损都是由底部阴极炭块引起的，而底部阴极破损主要有以下几个方面的表现形式：阴极炭块的断裂、槽底拱凸、炉底形成冲蚀坑、层状剥离等[57~58]。

1. 阴极炭块的断裂

阴极炭块横向断裂，并在炉底表面形成一条或若干条大的裂缝，靠近边部的区域还会产生许多小的裂缝，如图 1-8 所示。剖炉后可以发现，中间大裂缝大都穿透了整个槽底阴极，炭块下面有较厚的铝

图 1-8 槽底断裂结构示意图

－铁合金层，阴极钢棒严重侵蚀。阴极炭块断裂后，铝液漏入碳块底层，使阴极钢棒熔化，并进一步穿透耐火砖层，直至炉底钢壳，并使其发红。当钢棒熔化到槽壳窗口时，就会发生底部漏炉，导致被迫停槽[59]。

由于多种原因，电解槽底部炭块会在其表面或内部产生一些微裂纹。首先，槽底炭块在焙烧过程中，由于电流分布不均而局部过热，当所产生的热应力超出材料所能承受范围时，就可能产生裂纹；其次，无论是采用磷生铁浇铸的方式，还是采用捣固糊捣固的方法进行阴极炭块和阴极钢棒的组装时，由于热冲击作用或电解槽启动初期个别阴极炭块组电流集中的原因，也可能会产生一些微裂纹；再次，若炭糊捣体与阴极炭块的热匹配不好，就很容易由于捣固体的收缩而产生裂纹。在随后的电解过程中，阴极表面不断析出的 Na 将会渗透到炭缝中，进而进入石墨晶格内，使石墨基面之间的距离加大，阴极发生膨胀，槽底阴极中的裂

纹也进一步扩大,严重情况下,槽底阴极将发生断裂[60]。

2. 槽底拱凸

槽底阴极沿长度方向呈山丘状隆起,形成中间高、四周低的状况,如图1-9所示。这种情况在生产中很常见,停槽后对槽内衬所进行的剖析可看出,槽底中央纵向上抬,阴极炭块连同钢棒呈弯弓状,部分阴极钢棒

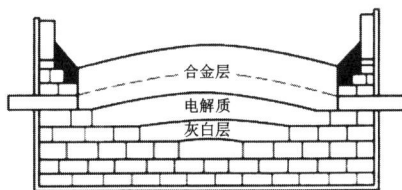

图1-9 电解槽槽底隆起断面结构示意图

局部熔化,炭块下部与耐火砖交界处沉积着一层厚厚的铝、电解质、泡沫状的灰白层及类玻璃体。

槽底拱凸会引起槽底阴极的破裂。发生槽底拱凸的主要原因可以归结为以下几个方面:首先,阴极表面所析出碱金属,在沿碳晶格扩散的过程中,会造成槽底阴极的膨胀,产生体积变化,导致阴极炭块拱凸。其次,电解质和铝液熔体的持续渗透也是引起槽底拱凸的重要原因。渗入阴极炭块中的电解质,一部分沉积在炭块的孔隙或炭块与阴极钢棒的界面处,另一部分则继续向下渗透,当渗入的电解质在炭块下面凝固时,便会形成一层凸透镜状的物质,即"灰白层","灰白层"的生成和不断长大,便会引起它上部阴极炭块的拱凸,槽底中央部分隆起较高,并使内衬产生破损,严重时便导致槽底炭块中央纵向劈裂,随即铝液下漏,被迫停槽。再次,不断向阴极内衬渗透的电解质熔体,当到达其初晶温度等温线时,就会有一些成分开始析出。当内衬由于保温性能降低而凝固等温线上移时,盐类晶体的析出便不仅是在灰白层和耐火砖中进行,而且可以上移到阴极炭块的孔隙中进行,这时,阴极炭块孔隙中不断长大的晶体可导致炭块进一步的变形和破裂[61]。

单纯的电解质熔体对碳素材料润湿不良,因此对炭块的渗透现象不明显,但在电解过程中,由于渗入阴极的碱金属与炭反应所生成的C-Na插层化合物能改善电解质熔体对碳素材料的湿润性,使得电解质熔体对炭块的渗透显著增强。同时,电解质熔体中总是溶解有一定量的铝,同样使得其与碳素材料的湿润性得到改善。此外,电解过程中所存在的电毛细现象对于电解质熔体的渗入有着更为重要的影响和作用,电毛细现象会使碳素阴极与电解质熔体界面间的表面张力减小,导致电解质熔体对炭块的渗透力大大增强[62]。

3. 炉底形成冲蚀坑

所谓冲蚀坑,是指在电解过程中,由于局部缺陷或操作原因,在槽底阴极或槽壁上所形成的喇叭状坑穴,如图1-10所示。冲蚀坑大部分出现在炭缝处,少数在炭块上,其表面光滑并覆盖着一层白色氧化铝固体,冲蚀坑的不断发展将导致阴极钢棒直接与铝液和电解质熔体接触并熔化,最终导致漏铝而停槽[63]。

形成冲蚀坑的主要原因是：电解过程中，槽内铝液在磁场、温度场和气流的作用下流动着，当其流速超过 6.4 cm/s 时，铝液便会由层流变为紊流。由于槽底阴极存在着一些固有缺陷，当发生紊流的铝液流过那些缺陷部位时，便会产生局部旋涡。这时，铝液连同其夹带的具有很大冲刷作用的悬浮氧化铝便会不断地磨蚀碳素

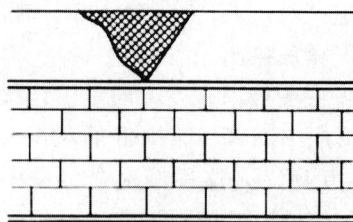

图 1-10　槽底冲蚀坑结构示意图

内衬，形成坑穴。此外，铝电解生产过程中阴极表面 Al_4C_3 的不断生成与溶解也是形成冲蚀坑的原因之一。这种类型的冲蚀坑一般位于电解槽中的某一特定区域，如出铝口、加料口和槽腔边部等。值得一提的是，电解条件下，Al_4C_3 除了可以由液态铝与碳直接反应生成外，也可以在碱金属存在的条件下，由冰晶石和碳反应生成[64]。

4. 层状剥离

在电解槽启动后，有时可以看到电解质熔体中漂浮有剥落的碎片或薄片，它们是由槽底炭块从上向下，呈鱼鳞状一层层剥落所致，即所谓的碳素内衬层状剥离，如图 1-11 所示。

发生层状剥离的主要原因如下：碱金属渗透所致的阴极膨胀会使底部阴极出现局部的表面剥落。在焙烧不足的情

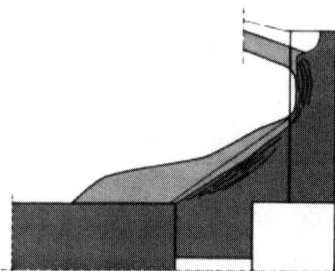

图 1-11　侧部炭块层状剥蚀结构示意图

况下启动电解槽时，就更容易发生碱金属的非均匀渗透并产生局部应力，从而引起槽底炭块的层状剥落。而对于冷行程频发的电解槽而言，为了消除槽底伸腿与沉淀，需要不断地调节槽电压，以增加热收入。在这种槽底伸腿交替形成与熔化的条件下，槽底阴极便会发生严重的腐烂式剥离现象[65, 66]。

除了电解过程中槽底阴极可能会发生层状剥离外，当电解槽在启动过程中或启动初期因漏槽或其他原因被迫停槽时，也会在电解槽冷却过程中发生槽底阴极的碱金属渗透层整体大块的剥离现象。产生这种现象的主要原因是：当电解槽启动过程或启动初期被迫停槽时，在接下来的冷行程过程中，碱金属渗透层的变形基本不可逆，而非渗透层炭块由于热膨胀所具有的可逆性而发生收缩，从而在碱金属渗透前沿区域产生较大的局部应力，当该应力超过材料的强度时就会产生裂纹，导致底部阴极整体大块剥离。这种剥离几乎是不可修复的，因此会给铝电解生产企业带来严重经济损失[67]。

电解槽的破损主要是由槽底阴极破损所引起的。通过上述讨论不难看出，无

论槽底阴极表现出何种形式的破损,都无一例外地与阴极中碱金属和电解质的渗透有关。可以说,影响铝电解阴极使用寿命的最主要原因是碱金属粒子向阴极内衬的渗透以及插层化合物所引起的炭块变形和破损。因而,有必要就碱金属和电解质对阴极的渗透侵蚀进行讨论。

1.7 碱金属和电解质对阴极的渗透侵蚀

对铝电解槽早期破损进行的大量研究表明,影响电解槽阴极破损的因素很多,主要集中在阴极材料性质、槽衬结构设计、砌筑、焙烧、启动以及生产管理等方面,对比发现,碱金属对阴极炭块的渗透侵蚀是最重要的原因。

1.7.1 碱金属和电解质的渗透对阴极产生的影响

1.碱金属的渗透在宏观上会引起阴极的膨胀

基于各种类型 Rapoport 测试仪的研究及铝电解生产实践均充分证明了这一现象的存在,即 Rapoport 效应。它是由碱金属渗透进入阴极碳晶格中形成相应的层间化合物(如 CK_8、$C_{32}Na$、$C_{64}Na$ 等)所引起的[65, 68]。

碱金属插层化合物的形成及其对阴极产生膨胀作用必须具备以下三方面的条件:

(1)电解过程中碱金属在阴极表面的生成

铝电解过程中碱金属的生成有两种反应机理,以 K、Na 为例,可分为置换反应生成碱金属以及电解生成碱金属。

①置换反应生成碱金属。

当把固体铝块投入 1000℃ 的 NaF 熔体中时,立即发生强烈的化学反应,冒出浓黄色钠的火焰,并喷溅出溶液。反应式如(1 - 4)所示:

$$Al(1) + 3NaF/KF(in\ electrolyte) = 3Na/K(g) + AlF_3(in\ electrolyte) \qquad (1-4)$$

平衡常数 $$K_a = \frac{(a_{Na})^3 a_{Na_3AlF_6}}{a_{Al}(a_{NaF})^6}$$

式中:$a_{Al} = 1$,$a_{Na} = \dfrac{p_{Na}}{p_{Na}^0}$($p_{Na}^0$ 为纯钠的蒸汽压)。

$$a_{Na} = \sqrt[3]{\frac{K_a a_{Al}(a_{NaF})^6}{a_{Na_3AlF_6}}}$$

$$p_{Na} = a_{Na}p_{Na}^0 = \sqrt[3]{\frac{K_a(a_{NaF})^6}{a_{Na_3AlF_6}}} \times p_{Na}^0 = K' \times \frac{a_{NaF}^2}{\sqrt[3]{a_{Na_3AlF_6}}}$$

式中:$K' = \sqrt[3]{K_a}$。

Wikening 等人做了铝置换钠的化学平衡实验[69]。在刚玉坩埚中装入冰晶石试样，底部放置铅片和铝片。整个实验装置在 1000℃ 条件下保持 3 h，以使铝置换出的碱金属钠完全被铅吸收。待整个实验装置冷却之后，测定铅中的钠含量。结果发现，当电解质熔体分子比为 3.0 时，铅中钠的含量约为 3%；随着分子比的增大，铅中钠的含量逐渐增大，这主要是因为，高的分子比会促使反应方程式（1-4）向右移动。

②电解生成碱金属。

电解过程中，阴极的主反应为析出铝的反应，碱金属的析出居次，这主要是因为碱金属的析出电位比铝低。但是随着温度的升高，电解质分子比的增大，氧化铝浓度的减小，以及阴极电流密度的提高，碱金属与铝的析出电位差越来越小，这使得碱金属离子与铝离子在阴极上共同放电成为可能，碱金属的析出反应方程式如式（1-5）所示[70]：

$$Na^+/K^+ + e^- = Na/K(dissolved) \qquad (1-5)$$

通过以上两种形式析出的碱金属，除一部分溶解在铝中，一部分以蒸汽的状态挥发出去（Na 的沸点为 881℃，K 的沸点为 757℃），在电解质的表面被空气或阳极气体氧化以外，剩下的一部分便被碳质阴极内衬吸收，这也是碱金属对阴极产生影响所需具备的必要条件之一。

（2）阴极表面所生成的碱金属向阴极炭块内的渗透

从某种意义上讲，铝电解碳阴极也属于一种多孔材料，电解过程中碱金属和电解质熔体会向这种多孔材料内部渗透[71]，这种渗透与碳块的孔隙结构有关。有关电解过程中碱金属的渗透，国内外的研究学者普遍认同两种机理（以钠为例）：一种是由 Dell[72, 73] 等提出的钠蒸汽迁移机理，另一种则是由 Dewing[74] 等提出的扩散进入碳晶格机理。Dell 等人观察到，钠嵌入首先发生在碳素材料的多孔部分，并且指出，熔融铝液层的温度高于金属钠的沸点，因此，钠是以气态传输形式进入碳素材料内部的。扩散机理则认为，钠通过渗透进入阴极碳素材料的晶格和晶界，而且，钠的渗透速度非常快，其在不同碳素材料中的扩散系数可达 $1 \times 10^{-5} \sim 5 \times 10^{-5} \, cm^2/s$[75]。目前，后种观点得到了较多人的支持，但也有人认为两种机理同时存在。冯乃祥[76, 77] 等用电加热法制得了实验室级铝电解阴极炭块，进行了钠渗透试验，并根据实验结果讨论了钠和电解质对阴极炭块的渗透机理。认为上述两种机理同时存在，当碳块孔隙率较低时，Na 主要通过晶格进行扩散；当碳块孔隙率较高时，Na 主要通过孔隙进行扩散。

阴极材料的抗碱金属侵蚀能力与可石墨化碳材料的费米能级有关，而可石墨化碳材料的结构影响其费米能级的高低。Oberlin 认为[78]，可石墨化碳材料的结构分为 4 种，分别用 F1、F2、F3′、F3″ 表示。在碳材料热处理过程中，随着温度的升高，其结构发生着不断地变化：F1→F2→F3′→F3″，其所具有的费米能级也不断升高。在低温条件下(如1000℃以下)热处理的碳材料,几乎全部为F1层结构的炭,其费米能级较低,碱金属较易插入其中并对阴极产生影响。费米能级越低,所对应碳材料可插入碱金属的量便越大,其对阴极所造成的影响也就越大。可见,F1层结构是造成钠与炭反应生成插层化合物的主要原因。费米能级的高低对应于阴极碳材料的石墨化程度,阴极碳材料的石墨化程度越低,其所受热处理的温度也越低,因此具有较低的费米能级;而阴极碳材料的石墨化度越高,其所受热处理的温度越高,因而便具有较高的费米能级。这也是碱金属在无定型低温煅烧无烟煤中的渗透速率及所引起的阴极膨胀最大,而在石墨化阴极碳材料中的迁移速率及所引起的阴极膨胀最小的原因。

上述理论或结论的获得均是基于钠冰晶石电解质体系的,而对于含钾低温电解质体系,目前缺乏针对性的研究。在元素周期表中,K、Na均属于ⅠA族,其价电子结构均为ns^1型,次外层包含8个电子,最外层电子离核较远,电离能最低,很易失去。这使得K、Na在电解过程中,会表现出相似的性质。因而,为了获得含钾低温电解质体系中碱金属的渗透迁移行为及其对阴极电解膨胀性能的影响规律,完全可以参照钠冰晶石体系中的研究方法进行。此外,还可以通过对实验结果的对比分析,获得不同碱金属对阴极渗透之间的差异。这将对阴极材料抗渗透性能的研究起到举足轻重的作用。

电解过程中,碱金属和电解质对阴极的渗透是造成其破损的重要原因之一,渗透进入阴极的碱金属究竟如何对阴极产生破坏作用,这将是接下来所要讨论的问题。

(3)生成石墨层间化合物$C_xM(K,Na)$并引起阴极的膨胀

在400℃及以上,随着钠原子在层间的停留,渗透进入阴极的碱金属在其S电子与碳材料中π电子的键合作用下,与石墨反应形成薄层嵌入式化合物,即石墨层间化合物$[C_xM(K,Na)]$[79]。在无定型碳中,由于其微观结构所具有的层间距比理想石墨的层间距大,因而,碱金属就会更加容易地不规则地嵌入到这种层中。碱金属K和Na的插入会分别导致石墨晶格层间距由0.3354 nm变为0.46 nm和0.541 nm,宏观上便表现为阴极的膨胀。

除此以外,固溶体说认为碳与碱金属之间所形成的简单固溶体,也可能会造成阴极的膨胀,但由于研究方法的缺乏,目前还仅是一个假说,有待进一步的研究论证。

综上所述,铝电解生产对阴极材料的要求是耐高温、耐熔融盐及铝液侵蚀,有较高的电导率、较高的纯度和一定的机械强度,以保证电解槽的寿命及降低原铝生产的成本[65,67,80~82]。阴极材料要想能够被成功地应用于实践中,首先必须具有良好的抗碱金属和电解质渗透能力,这就决定了在研究铝电解阴极材料时,考察材料的抗渗透性能十分重要。

2. 碱金属渗透在一定程度上能够改善阴极的导电性能

随着碱金属的渗入，电解过程的推进，阴极材料的电导率得以提高，这一点得到了 Dresselhaus、Sorlie 和 Belitskus 等人研究结果的有力支持[83~85]，他们通过原位测试等实验手段发现：

(1)碱金属渗透所引起的阴极电解膨胀使得阴极之中的许多微孔消失，材料致密度提高。

(2)碱金属的渗入，填充了碳材料中的"导带"，增加了"层间电导率"。

(3)碱金属的渗入，能够促使碳质阴极石墨化进程。

但对于工业电解槽来说，电解质在电毛细作用等因素的影响下，会渗透到阴极与钢棒的界面之间，破坏阴极钢棒与阴极之间的电接触，导致炉底压降升高，最终掩盖掉碱金属渗透对阴极电导率的正面作用[86, 87]。

3. 碱金属的渗透对阴极力学性能的影响

这方面的研究工作开展得相对较晚，但也取得了一定的阶段性成果。比较可靠的是 Hop、Welch 以及 Hyland 等人的研究工作[88, 89]，他们认为碱金属的渗透会对阴极的抗弯强度产生影响。电解初期，阴极抗弯强度逐渐下降，而后略有回升。这主要是因为，电解初期，渗透尚未达到平衡时，渗入的碱金属浓度梯度较大。随后，碱金属渗透逐渐达到平衡，阴极之中碱金属的浓度梯度减小。这也从一个侧面说明，在启动过程中，对阴极的有效保护意义重大。

近年来的研究又发现，碱金属会对阴极材料的蠕变行为产生影响。含碱金属的阴极材料，其蠕变应变明显高于原始材料。但目前针对这个现象，国内外的研究结果都是经过模型计算推导而来的，缺乏实验支持，结论并不可靠。

4. 碱金属的渗透对电解质与阴极之间润湿性的影响

碱金属的渗透会改善电解质与阴极之间的润湿性，加速电解质对阴极的渗透，增强其对阴极的破坏作用。这种现象可以得到如下解释：润湿性主要由物质的"化学键型"决定，电解质中存在着大量的离子键，而碳质材料中，均为共价键，本质上它们两者之间是不润湿的。但随着电解过程的进行和碱金属的渗入，阴极中所生成的 $C_xM(K/Na)$ 与 Al_4C_3 使得电解质与阴极之间的润湿性发生改变[90]。

综上所述，大量研究业已揭示出碱金属渗透与阴极相关性能之间的关系，可以看出，碱金属的渗透主要会对阴极的性能产生一些负面影响，导致阴极相关性能的恶化。从实际工业生产的角度出发，比较碱金属渗透对阴极各种性能的影响，不难发现，碱金属的渗透对阴极构件破损的影响最大，它直接关系到铝电解的正常生产以及电解槽的使用寿命。为了从根本上深入认识这一问题，减小碱金属渗透对阴极的破坏作用，涉及铝电解阴极抗碱金属和电解质渗透性能的研究得到了重视，其中一些研究从微观层面上的机理问题展开讨论，并取得了一定的研究成果。

1.7.2　碱金属和电解质对铝电解阴极的渗透

阴极抗碱金属和电解质的渗透性能以及碱金属对阴极渗透侵蚀的机理对于提高槽底阴极使用寿命，减少生产污染以及提高铝电解企业经济效益有着重要的意义。自 Dell 和 Dewing 分别提出钠蒸汽迁移机理和扩散进入晶格机理之后，为了提高铝电解阴极抗碱金属渗透性能，进一步探寻碱金属对阴极的腐蚀机理，世界铝业界和学术界在这方面的研究工作就一直没有停止过，下面就近年来的代表性研究成果进行一个总结。

1. 碱金属对阴极的渗透

如前所述，碱金属的渗透会对阴极造成一些危害性的影响，为了深入探索这一问题，各国学者相继展开了大量的研究工作。J. L. Xue 等人[91]对电解过程中碱金属的渗透进行了研究，如图 1 – 12 所示。元素 F、Na、Al 会不同程度地渗透进入阴极内部，但并未讨论和证明元素 Na 的存在形式。然而，元素 Na 的存在形式十分重要，直接影响到其对阴极的破坏力，为此，Brisson 等人[92]利用 XPS 对其进行了相关的研究。

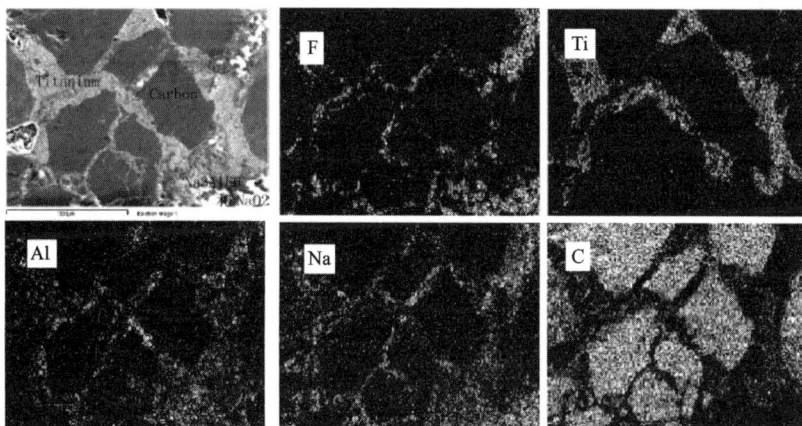

图 1 – 12　阴极剖面元素分析

研究发现，渗透进入阴极内部的碱金属，主要以两种形式存在，一种是沉积在阴极内部微孔之中的金属钠，另一种是以插层化合物形式存在的钠，如图 1 – 13所示。以吸附形式存在于阴极内部孔隙中的金属钠既存在于阴极内部的骨料相中，也存在于阴极内部的黏结剂相中；而以插层化合物形式存在的钠仅会出现在阴极内部的骨料相之中，说明宏观上阴极的膨胀主要是由阴极内部骨料相的膨胀所引起。之所以采用这种方法能够检测出稳定的碱金属钠，主要是因为在电解之后，碳质阴极表面的开孔被渗入其中的电解质所填充、封闭。这阻止了氧气和潮湿空气的进入，避免了其对碱金属钠的影响。然而他们的研究并非在线进行，仅是对电解后试样的测试，此时，碱金属的存在形式并不一定能完全代表电解过程中碱金属的存在形式，有待进一步的验证。

Adhoum[93]等研究了1025℃条件下，熔融NaF熔体中碱金属钠对石墨阴极的电化学插层，证实了钠插层进入石墨阴极的两种机理：电解过程中阴极表面所析出的碱金属钠，一部分插层进入石墨层间，另一部分则沉积在阴极材料的孔隙当中，如图1-14所示。进入石墨层间的碱金属钠在随

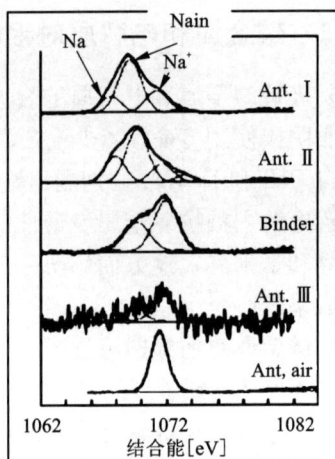

图 1-13　半石墨质阴极中
Na 光电子能谱图

后的过程中发生重排，形成层间化合物；而材料孔隙当中存在的碱金属钠会通过扩撒，到达插层位置，最终同样会形成插层化合物。XRD 分析表明，所形成的层间化合物为 8 阶，分子式为 $Na_{0.1}C_8$。

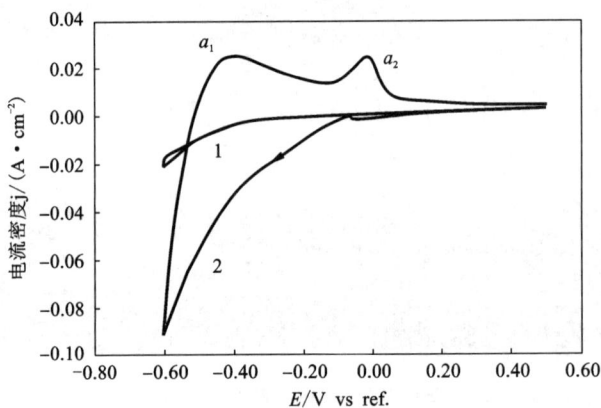

图 1-14　1025℃条件下，NaF 熔体中不同工作电极上的循环伏安曲线

1—钨电极；2—石墨电极；参比电极：Fe^{2+}/Fe；扫描速率为 100 mV/s

D. R. Liu[94]等在 1163 K 的条件下研究了熔融 KF 熔体中钾对石墨阴极的电化学插层，发现钾仅仅插层进入石墨层间，如图 1-15 所示。SEM 和 TEM 的测试发现，C-K 插层化合物不仅会引起阴极的膨胀，还会对阴极产生一定的剥蚀作用，导致阴极表面出现片状剥离物。

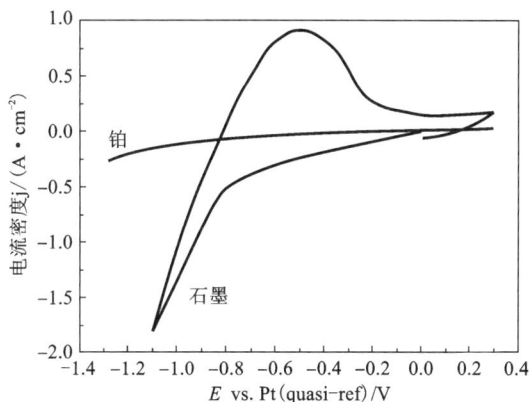

图 1 - 15 1163 K 条件下，KF 熔体中 Pt 电极和石墨电极上的循环伏安曲线

扫描速率: 100 mV/s

Adhoum 和 D. R. Liu 的研究仅限于单组分电解质熔体中碱金属的析出及插层过程，与铝电解槽中熔体的实际情况相差较大，没有揭示复合电解质熔体中不同种类碱金属的析出、插层及其在阴极中渗透迁移行为之间的差异。而对这一问题的深入理解将有助于含钾复合电解质熔体的早日工业化应用及现行铝电解阴极的改进，十分必要。

Brilloit[95] 等人对碳质阴极中碱金属的渗透进行了研究。结果发现，碱金属钠（吸附的或插层的）是阴极中最主要的渗入物，其渗透速率及在阴极中的饱和浓度随着熔体分子比的增加而增加，随着碳质材料石墨化程度的提高而降低。渗入阴极中的碱金属钠作为润湿剂，致使电解质熔体更加容易地渗透进入阴极内部。此外，在研究阴极中碱金属的含量时，主要通过对阴极灰分的测试来实现，具体方法是：在电解后阴极中的不同区域分别取出一定量的试样，称重，然后在 1000℃ 的条件下进行 20 h 的热处理，取出残留物并再次称重，结合原始重量进行计算，获得如图 1 - 16 所示的结果。图中有从左到右三个平台，它们与电解质和碱金属的渗透前沿相关，其中，第二个平台主要是由碳基体中的碱金属（吸附的或插层的）所引起的，而第一个平台则是碱金属钠和渗入阴极孔隙当中的电解质所共同引起的。

结合不同学者的研究结果，可以发现，碱金属渗透进入阴极内部所生成的插层化合物[C_xM(Alkali metal)]是造成宏观阴极膨胀破损的最主要原因，而由于吸附作用存在于阴极之中的碱金属并不会对阴极膨胀产生影响；此外，除了碱金属自身作用之外，阴极各组分的微观结构也会对碱金属的渗透产生影响，并最终影响阴极的电解膨胀性能。

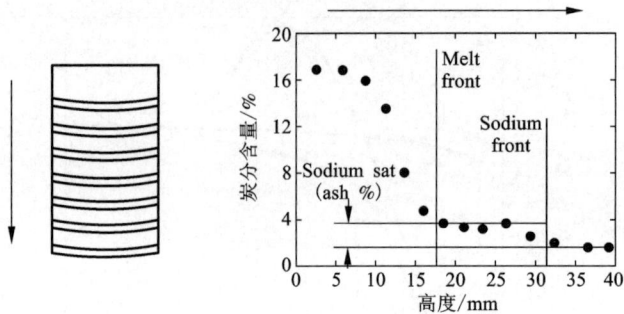

图 1 - 16　电解后阴极取样部位及元素分布图

2. 电极质对阴极的渗透

电解质渗透对阴极的破坏作用与碳化铝对阴极的影响直接相关。虽然单纯碳化铝的生成并不会对阴极产生破坏性的影响，但在电解过程中，一方面，铝液具有一定的流动性，在铝液与阴极润湿性不完全良好的情况下，电解质便有可能到达铝液底部，造成碳化铝的溶解；另一方面，阴极表面存在着一定的界面张力梯度，因此，阴极与

图 1 - 17　阴极表面的腐蚀斑

铝液界面处的熔体会发生流动，即所谓的马兰格尼效应[95]，在其影响下，铝液与阴极界面处所生成的碳化铝也会溶解。碳化铝的生成与溶解便造成了阴极的腐蚀，如图 1 - 17 所示[96]。

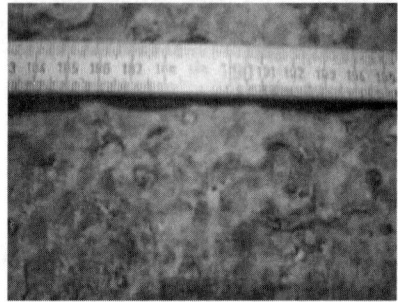

许多研究者的研究表明[97~99]，电解过程中阴极表面和内部 Al_4C_3 的生成是难以避免的，如图 1 - 18 所示。Al_4C_3 主要通过以下两种方式生成：一是液态铝与碳直接反应生成碳化铝；二是在有碱金属参与的条件下，冰晶石与碳反应生成碳化铝。无论碳化铝以何种形式生成，归纳起来，都离不开冰晶石的参与。在低于1000℃的条件下，液态铝与碳难以直接反应生成相应的碳化物，但在有冰晶石存在的条件下，反应会得到强化。冰晶石除了作为润湿剂外，同时也是一些氧化物、金属铝和某些原始产物的溶剂，加速阴极的腐蚀。

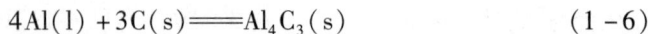

$$4Al(1) + 3C(s) \longrightarrow Al_4C_3(s) \tag{1-6}$$

$$4Na_3AlF_6(1) + 12Na(c) + 3C(s) \longrightarrow Al_4C_3(s) + 24NaF \tag{1-7}$$

碳化铝的生成会对槽底阴极带来一些不利影响。碳化铝在电解质中的溶解速度大约是其在铝液中的 50 倍。由沉淀夹带到槽底的电解质会将碳质阴极表面或

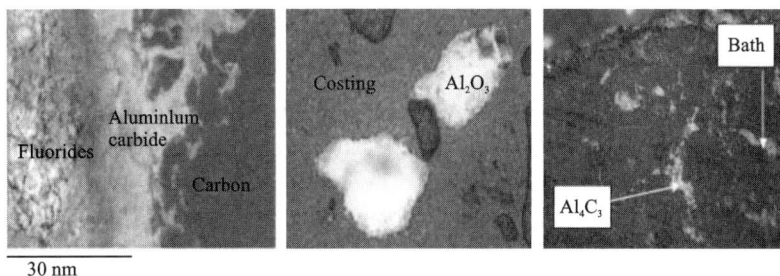

图 1 – 18 阴极中不同区域所生成的 Al_4C_3

阴极中的碳化铝溶解掉,并且随着 Al_2O_3 沉淀返溶进入上层电解质熔体,这时,该处槽底又将消耗碳素内衬生成新的 Al_4C_3。除此以外,Al_4C_3 与电解质熔体中某些组分的反应,也会加速 Al_4C_3 的溶解,进一步恶化其对阴极的影响,反应方程式如式(1 – 8)所示[100]:

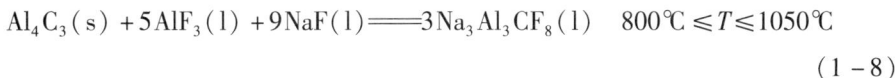

$$Al_4C_3(s) + 5AlF_3(l) + 9NaF(l) = 3Na_3Al_3CF_8(l) \quad 800℃ \leqslant T \leqslant 1050℃$$

$$(1 – 8)$$

由此可见,碳化铝的生成与溶解过程都与冰晶石或熔体中的某些组分相关,正常生产条件下,阴极表面覆盖着铝液,虽然碳阴极上难以避免地会产生碳化铝,但由于碳化铝在铝液中的溶解度很小,所生成的碳化铝膜会阻止碳化铝的进一步生成。因此,通过采取一定的措施,将阴极表面或内部所生成的碳化铝与电解质熔体隔绝开来,将有效减少碳化铝对阴极耐腐蚀性能的影响。可润湿性阴极的使用,有望成为一种行之有效的解决方案,它将在很大程度上减少由碳化铝所引起的阴极腐蚀。

1.7.3 铝电解阴极用黏结剂抗渗透性能分析

黏结剂能浸润和渗透骨料颗粒并把各种散料颗粒捏结在一起,填满散料颗粒的开口气孔,形成质量均匀有良好塑性的糊料。在焙烧过程中,黏结剂自身焦化生成黏结焦并把散料颗粒结合成一个坚固的整体,使材料制品具有所要求的机械强度和其他性能。作为阴极中的薄弱环节,黏结剂性能的优劣直接影响材料的强度及其抗碱金属及电解质侵蚀性能。现有黏结剂按其碳化后微观结构的不同可以分为两类,分别是软碳黏结剂和硬碳黏结剂。软碳黏结剂的特点是,随着热处理温度的升高,其微观结构越来越有序,芳香环尺寸越来越大,出现越来越多的石墨结构,代表性的黏结剂有沥青、PVC 等;而硬碳材料的特点是:即使经过较高温度(如 3000 K)的热处理,也很难出现石墨化结构,代表性的黏结剂有酚醛树脂、呋喃树脂等。Stevens 等人[101]针对碱金属渗透与黏结剂种类之间的关系进行了研究,结果表明,对于碳化后的黏结剂而言,软碳黏结剂中的孔隙多为中孔或大孔,渗透进入其中的碱金属均以插层化合物的形式存在;而硬碳材料中的孔隙多为微孔,渗入其中的碱金属除了以插层化合物的形式存在外,还会由于吸附作用沉积在材料的微孔当中。以插层化合物形式存在的碱金属会对阴极电解膨胀性能产生影响,而以吸附形式存在的钠,并不会对阴极电解膨胀性能产生影响。

目前,工业中铝电解阴极用黏结剂主要为煤沥青。它能很好地浸润或渗透到各种焦炭及无烟煤的表面或孔隙,并使配料颗粒成分互相黏结并形成具有良好塑性状态的糊料。糊料成型后的生制品,稍加冷却即硬化,保持其成型时的形状。生制品在焙烧时,沥青逐渐分解并炭化,同时把四周的骨料颗粒牢固地连接在一起。沥青的碳化率也比较高,碳化后生成的沥青焦也比较容易石墨化,因此在铝电解碳素材料生产中发挥着重要作用。然而沥青作为一种典型的黏弹材料,力学性能受温度影响较大,并具有明显的应力松弛和蠕变现象[102]。且沥青碳化后成乱层片状结构[106],使其在铝电解过程中容易受到碱金属的渗透、侵蚀,无法长时间使用,不能达到延长电解槽使用寿命和节能减排的目标。同时,国内外大量的研究工作也已证明,阴极的腐蚀往往都是从黏结剂相开始的[57],加之全球增加铝电解槽电流强度的趋势,这些都对铝电解阴极黏结剂提出了更高的性能要求。因此,改变现有黏结剂体系的研究工作十分必要。

1.7.4 铝电解阴极抗碱金属侵蚀性能的测试与研究方法

1959 年,Asher[103]等人描述了 C – Na 插层化合物 $C_{64}Na$ 的结构及其形成过程。这种化合物的一个典型的结构现象就是阶现象,即插入物以一定的周期排列在宿体石墨的层间。GICs 可以根据阶数 n 来分类,n 为相邻两层插层物之间的石墨片数,如图 1 – 19 所示。因此,对于 $C_{64}Na$ 而言,其为 8 阶 GICs,即每两层钠原子之间相隔着 8 层碳原子。这是最早的有关 C – Na 插层化合物的报道。

| 1. 石墨 | 2. 阶段1 GIC | 3. 阶段2 GIC | 4. 阶段n GIC |

■■■ ● 插入原子   ■■■ 岩层

图 1 – 19 石墨插层化合物的结构模型

1962 年,Berger[104]等人首次利用图 1 – 20 所示的装置研究了碱金属钠与不同类型碳材料之间的插层作用。他们将石墨、石油焦、无烟煤等碳材料暴露在钠蒸汽中，在一定温度及碱金属蒸汽压条件下测试碳材料对钠的吸附情况。该装置由上下两台炉子共同组成，通过下面的炉子，控制碱金属钠的蒸汽压，通过上面的炉子来控制被测碳材料的温度。结果表明，各种碳材料均会对钠产生一定的吸附作用，随着碳材料石墨化程度的降低，碳材料对钠的吸附量急剧增大（如图 1 - 21 所示）。钠可以插入石墨层间，同时也可能会沉积在碳材料所含的微孔之中，这取决于碳结构的特征。

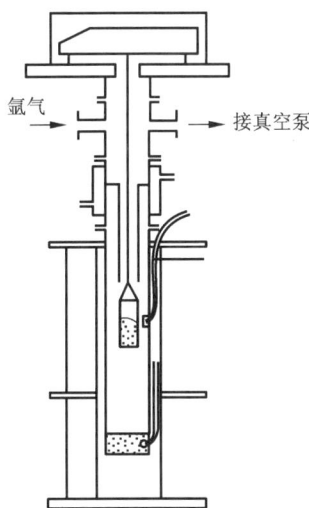

图 1 - 20 碱金属对不同种类碳材料
侵蚀作用测试装置示意图

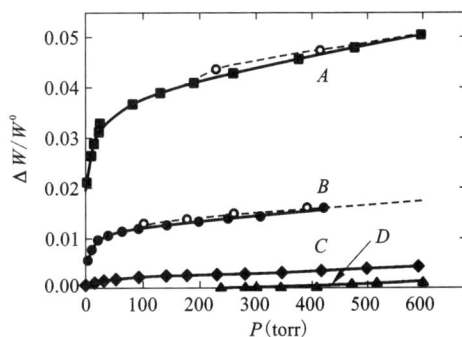

图 1 - 21 1227 K 条件下不同类型阴极
Na 的吸附等温线

A—无定型阴极；B—半石墨质阴极；
C—半石墨化阴极；D—石墨化阴极

在 20 世纪最后的 20 年间，全世界范围内对于碱金属插层化合物的研究主要集中在了 C - Na 插层化合物上，这主要是基于铝电解工业的需要。电解槽在朝着大型化、高电流方向发展的过程中，结构上耐受力的下降导致其对具有良好抗碱金属侵蚀性能的阴极炭块的迫切需要。测试阴极材料的抗碱金属侵蚀性能，研究碱金属对阴极内衬的渗透行为，研制具有良好抗碱金属侵蚀性能的阴极内衬材料，解决大型预焙铝电解槽寿命短的问题，成为世界铝业界的重要研究课题。在这个时期，各种以工业应用为目标的关于 C - Na 插层化合物的研究集中展开，主要体现在以下三个方面：①阴极电解膨胀的测定与研究；②碱金属渗透的测定与研究；③阴极抗碱金属腐蚀能力的测定与研究。代表性的实验装置如图 1 - 22 所示[105~107]。

受当时所使用电解质体系的影响，钠在阴极炭块中的渗透及其所致的膨胀对电解槽破损起着极其重要的作用，对此，各国研究者进行了一系列的相关研究。

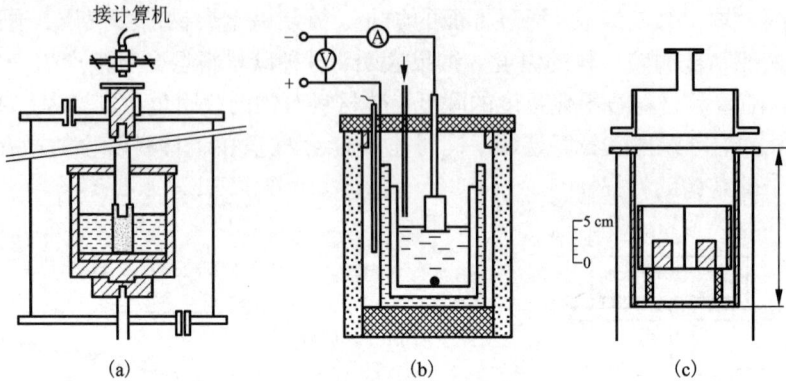

图1-22 阴极抗渗透性能测试装置示意图

(a)阴极电解膨胀测试;(b)碱金属渗透测试;(c)阴极抗碱金属侵蚀测试

采用电解膨胀率测试仪测试阴极材料的线性膨胀量,通过式(1-9)计算出阴极的电解膨胀率:

$$\rho = \Delta L / L \times 100\% \tag{1-9}$$

式中:ρ 为电解膨胀率(%);ΔL 为试样的线性膨胀量;L 为试样的初始长度。大量研究表明,碱金属渗透所引起的阴极膨胀与阴极材料的组成和结构有关,也与电解工艺条件(如电解质分子比、温度、电流密度)有关。

阴极电解膨胀率是碱金属渗透进入阴极材料的量的反应。碱金属渗入量过大、渗透速率过快都会造成阴极材料的破损。仅用测定在一定电解质组成和一定电解条件下阴极材料的最大膨胀率来衡量阴极材料的抗碱金属渗透性能是不全面的。因此,除了阴极电解膨胀之外,碱金属在阴极材料中的渗透速率也是一个重要的研究课题。在进行碱金属渗透速率测试前,试样需要被制成柱状。测试过程中,试样浸入电解质熔体中并以一定的速度旋转。测试结束待试样冷却后,除去表面的电解质,将试样剖开,采用X射线荧光光谱分析或酚酞测试法获得碱金属的渗透速率。碱金属和电解质对阴极的渗透与电流密度、熔体分子比以及电解时间有关。由于碱金属渗透较快,所使用的试样尺寸有限,因此,大多数实验的电解时间都比较短,不超过4 h。

采用图1-22(c)中所示装置测试阴极炭块抗碱金属侵蚀性能的具体方法是:在一个不锈钢的反应器内有几个隔开的室,可以同时测定几个阴极试样,容器底部放置碱金属,整个炉子通有氩气保护。将炉子升高到一定温度,碱金属变成蒸汽,加压条件下让试样在碱金属蒸汽下保持4~5 h,然后冷却,取出试样,观察其被腐蚀的程度。

阴极电解膨胀性能是评价铝电解槽内衬材料优劣的重要指标,同时也是采用不同的有限元模型预测电解槽性能以及优化电解槽设计的重要参数。准确地测试阴极材料的电解膨胀率对于研制高质量内衬材料，延长电解槽使用寿命至关重要。实践表明，前述电解膨胀的测试方法装置可靠、结果可信，可以有效地对阴极抗碱金属侵蚀性能进行表征。此外，对碱金属渗透速率的测试，进一步全面地反映了阴极的耐腐蚀性能，完善了阴极性能优劣的评价体系。而在碱金属蒸汽中所进行的阴极耐腐蚀性能测试，由于其与实际电解槽中碱金属对阴极腐蚀的具体情况差别较大，只能直观地进行定性分析，因此不直接用于考察阴极材料的优劣。

1.8 铝电解阴极耐腐蚀性能的研究进展

电解槽是铝电解生产的关键装备，其使用寿命的长短不仅影响着电解铝的生产成本及原铝产量，而且关系到废弃内衬引起的环境污染等问题。而电解槽寿命的长短，又取决于槽底阴极性能的优劣。获得耐腐蚀、高质量的槽底阴极一直是铝业界和学术界所追求的目标，而在这方面的研究与实践工作从来就没有停止过。

1.8.1 碳质阴极耐腐蚀性能

许多研究者都指出了碱金属插层化合物对碳阴极造成的危害。Grjotheim 等人[74]认为，造成工业铝电解槽碳阴极破损的主要原因是碳与钠反应生成嵌合物所引起的炭块变形，渗入碳块孔隙里的电解质由于温度变化而产生的结晶压力以及钠与电解质相互作用所产生的结晶压力等。上述作用都涉及钠和电解质，因而它们是受钠和电解质对阴极的渗透所控制的。邱竹贤等人[10, 33, 108]从解剖工业电解槽内衬入手，做了大量的实验研究，认为在电解槽启动初期，钠侵蚀是导致碳阴极破损的主要原因。钠可以插入碳晶格中，生成碳钠插层化合物，引起碳阴极体积膨胀并使其强度降低。瑞士铝业公司通过采用石墨化阴极炭块以及黏结与填缝技术的改进，使阴极寿命超过了 2400 天。同时，由于降低了阴极电压降而收到了节能的效果[109]。但是，由于石墨化阴极的成本高，且石墨容易遭到熔体的磨蚀，因而没有得到广泛的应用。大多数厂家是采用半石墨化的阴极炭块或在普通碳块中掺入一定比例的石墨，以提高碳阴极的抗碱金属侵蚀力和导电性。

碱金属对不同阴极材料的破坏力是不同的。据报道[69, 84, 110, 111]，石墨质碳相比于无定型碳或石油焦，其在 960℃ 更能抵抗钠的侵蚀。然而在低温特别是接近720℃ 时，石墨质碳却不能较好地抵抗碱金属的侵蚀。960℃ 时钠对不同碳材料的侵蚀按下列顺序增加：石墨、电煅无烟煤、气煅无烟煤、冶金焦和石油焦。

Patel P 等人[112]探讨了铝电解用石墨化阴极孔隙率与其耐腐蚀性能之间的关

系，结果发现，阴极开孔率越大，所包含的开孔量也就越多，这一方面使得铝液和电解质熔体可以更加容易地渗透进入阴极体，同时也导致阴极与铝液和电解质熔体的实际接触面积增大。因此，随着阴极开孔率的增加，电解质的渗透和碳化铝的生成都显著增强。此外，孔隙率高的阴极表面表现出了非均匀的腐蚀现象，如图 1 – 23 所示。这主要是由其表面骨料颗粒的脱落所致。当铝液和电解质熔体渗透进入阴极体后，阴极中的黏结焦会首先与其发生反应，当局部某些地方的黏结焦被消耗掉以后，便会发生骨料颗粒的脱落现象，这种情况加剧了铝液和电解质熔体对阴极的腐蚀。

图 1 – 23   不同开孔率的石墨化阴极电解 96 h 后表观形貌
(a)低开孔率；(b)高开孔率

碳素阴极的电解膨胀率与材料的石墨化度、电解质组成以及电解条件等因素有关[111, 113]。图 1 – 24(a)所示为不同种类阴极的电解膨胀率。在 CR 为 4 的电解质熔体中，无定形碳块的电解膨胀率一般为 1% ~3%，但有些质量差的无定形炭块的电解膨胀率可能大得多，甚至在测试过程中由于碱金属的渗透导致材料的崩塌瓦解。而相同条件下，半石墨质炭块和半石墨化炭块的电解膨胀率表现为 0.5% ~0.7%，至于全石墨化炭块，其电解膨胀率大约只有 0.25%。图 1 – 24 (b)所示为不同分子比条件下阴极的电解膨胀率曲线。当电解质分子比从 4.0 降低到 2.3 时，阴极电解膨胀率可降低 60% 左右。图 1 – 24(c)所示则为不同电流密度条件下阴极电解膨胀率，总的来说，随着电流密度的增大，阴极电解膨胀率逐渐增大，但在电流密度低于 0.2 A/cm^2 和大于 0.8 A/cm^2 的条件下，随着电流密度的增加，阴极电解膨胀率的增幅较大；而在 0.2 A/cm^2 至 0.8 A/cm^2 的范围内，阴极电解膨胀率趋于恒定，并没有明显增大。

除此以外，阴极炭块的电解膨胀率还与阴极的热处理温度有关，如图 1 – 25 所示。随着阴极焙烧温度的提高，各种阴极的电解膨胀率均显著降低。同时可以发现，在低于 1800℃ 的条件下对阴极进行焙烧时，各种炭块的电解膨胀率之间差异明显，其中以无烟煤炭块的电解膨胀率最小；而当焙烧温度超过 2000℃ 时，各种炭块的电解膨胀率则非常接近[111]。

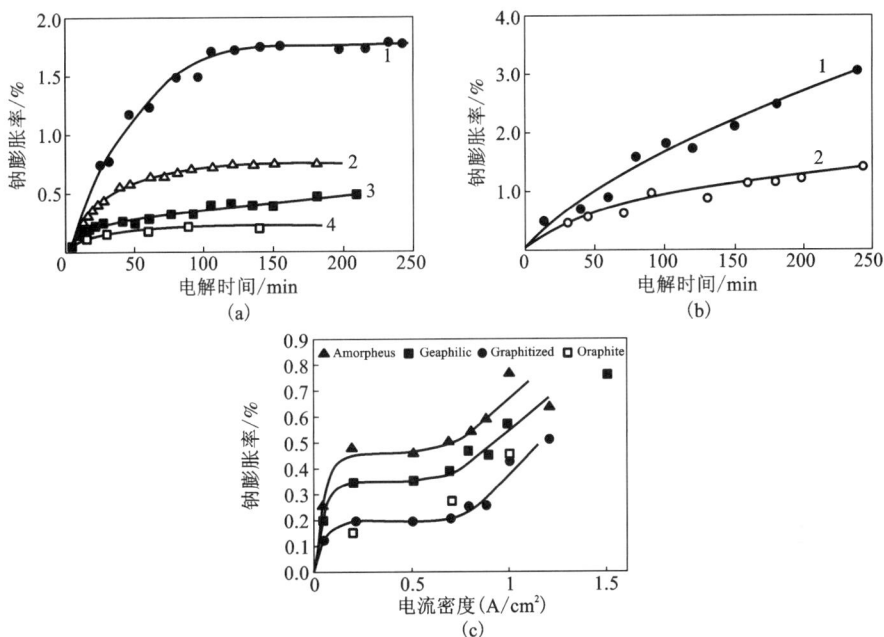

(a)

(b)

(c)

图1-24　不同因素对阴极电解膨胀率的影响

(a)阴极种类的影响,1—电煅无烟煤;2—半石墨质阴极;3—半石墨化阴极;4—石墨化阴极

(b)分子比的影响,1—CR=1.4;2—CR=2.3;3—电流密度的影响

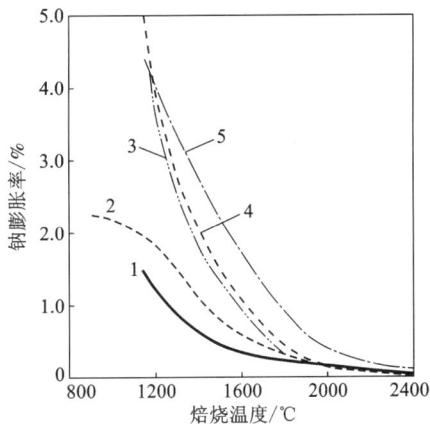

图1-25　不同热处理温度条件下,不同类型碳材料的电解膨胀率变化曲线

1—无烟煤;2—无烟煤+冶金焦;3—石油焦;4—可石墨化焦;5—冶金焦

1.8.2　可润湿性阴极耐腐蚀性能研究进展

以 TiB_2 为功能材料所制备的惰性可润湿性阴极，在过去的几十年中，发展相当迅速，已被证明是最理想的惰性可润湿性阴极材料之一。但现有 TiB_2 基可润湿性阴极耐腐蚀性能差的问题，仍然制约着其工业化应用，这使得 TiB_2 基可润湿性阴极耐腐蚀性能的研究十分必要。在这方面，各国学者展开了大量细致而深入的研究工作。

Ibrahiem 等人[114]对不同配方 TiB_2 涂层的稳定性进行了研究，获得了一种优化的涂层配方：70% TiB_2 + 20% 沥青 + 7.5% ECA + 2.5% 碳纤维。该涂层无裂缝，稳定性和铝液润湿性良好，如图 1 - 26 所示。

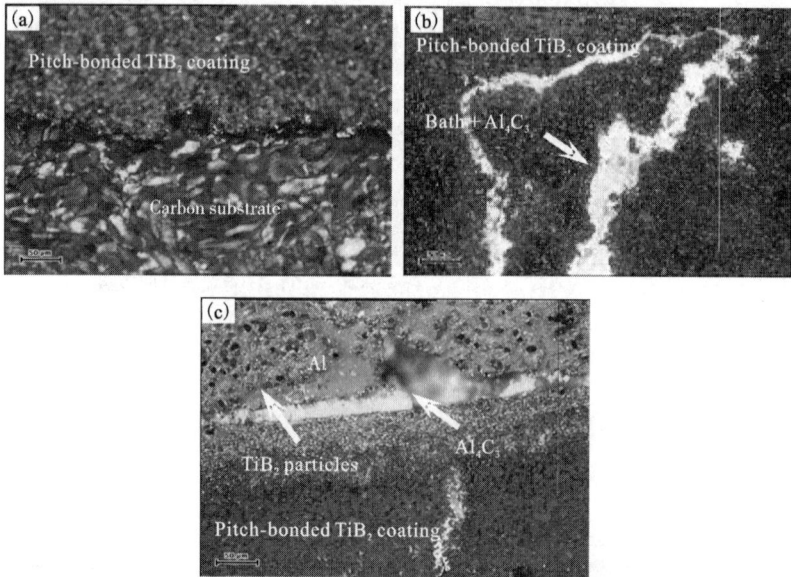

图 1 - 26　电解 4 h 后，TiB_2 - C 复合涂层偏光显微图
(a)涂层与基体的界面；(b)涂层内部；(c)铝和涂层界面

他们还在非极化条件下研究了沥青基 TiB_2 - C 复合阴极的化学稳定性，结果发现，阴极置于铝液中 1 h 后，没有发生 Al 的渗透；而当阴极置于铝液 48 h 后，铝液通过孔隙和骨料颗粒边界渗透进入了阴极，渗入的深度为 166 μm，如图 1 - 27 所示。

除此以外，在铝液和涂层的界面处以及铝液中也发现有 Al_4C_3 和 Al_2O_3，如图 1 - 28 所示。这主要归因于铝液与碳的直接反应，也可能是铝液与阴极焙烧过程

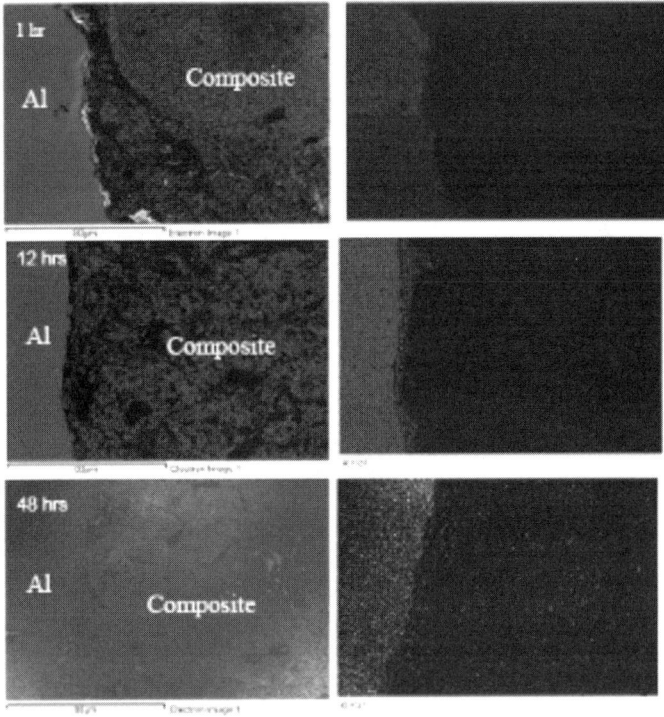

图 1 - 27　阴极在铝液中放置 1 h、12 h、48 h 后剖面 SEM 图及其所对应的 Al 元素能谱图

中的某些产物(如 TiO_2 和 B_2O_3)反应所致。若将阴极置于电解质中,阴极表面及阴极内部晶界处都会发生腐蚀,同时在涂层表面和内部也发现 TiO_2。

图 1 - 28　阴极剖面光学显微图

(a)放置于铝液 48 h 后;(b)放置于电解质 24 h 后

Sekhar 等人[115]在相同电解质熔体和电解条件下对比研究了 TiB_2/Al_2O_3 溶胶涂层阴极与半石墨质阴极耐腐蚀性能的差别,结果如表 1-6 所示。可以看出,与半石墨质阴极相比,TiB_2/Al_2O_3 溶胶涂层阴极的耐腐蚀性能显著提高。

这主要得益于 TiB_2/Al_2O_3 溶胶涂层中的纳米级氧化铝溶胶粒子,其可以作为碱金属的捕收剂,阻止碱金属的扩散,尤其是在电解槽启动初期,可以避免碱金属的剧烈渗透对底部碳基体的破坏,其反应方程式如式(1-10)和式(1-11)所示。

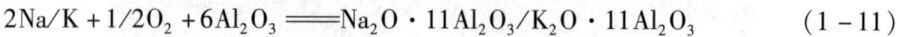

$$2Na/K + Al_2O_3 + 1/2O_2 \rightleftharpoons 2NaAlO_2/KAlO_2 \quad (1-10)$$

$$2Na/K + 1/2O_2 + 6Al_2O_3 \rightleftharpoons Na_2O \cdot 11Al_2O_3/K_2O \cdot 11Al_2O_3 \quad (1-11)$$

表 1-6　阴极抗碱金属渗透性能对比

	TiB_2/胶状 Al_2O_3 涂层阴极	半石墨化阴极
Rapoport 测试/%	0.16 ~ 0.4	0.55 ~ 0.67
钠蒸汽测试	一般	严重
钠渗透加速测试	无变化	完全破坏

这表明吸收了碱金属的涂层成为碱金属扩散的阻挡层,有利于阻止碱金属通过扩散的方式进入底部碳基体,对底部阴极起到保护作用。与半石墨质阴极相比,TiB_2/Al_2O_3 溶胶涂层对于碱金属的吸收量及吸收速度都较低,从而降低了电解槽启动初期 $NaCO_3$ 的使用量,节约了成本。

Martin 等人[116]研究了 $TiB_2 - C$ 复合阴极中 TiB_2 与沥青黏结剂的相互作用情况,如图 1-29 所示。发现在有氧存在的条件下,沥青结焦碳会与 TiB_2 反应生成 TiC,反应方程式见式(1-12)。

$$TiB_2(s) + 3O(g) + C(s) \rightleftharpoons TiC(s) + B_2O_3(l) \quad (1-12)$$

在此基础上,TiB_2 表面部分区域又会生成 $Ti - C - (O_{traces})$,它的生成提高了 TiB_2 与沥青的结合强度,从而也提高了 $TiB_2 - C$ 复合阴极的整体性能。

Y. W. Wang 等人[117]研究发现,钠渗透进入 $TiB_2 - C$ 复合阴极中的机理与其在碳质阴极中的渗透机理相同。碱金属钠不仅渗透进入 $TiB_2 - C$ 复合阴极的孔隙当中,而且渗透进入了 $TiB_2 - C$ 复合阴极的碳质骨料颗粒中。NAAS 等人[118]在 $CR = 2.2$、$\rho_{CD} = 0.7$ A/cm^2 的条件下研究了 KF 对阴极电解膨胀的影响,认为在 970℃,KF 添加量小于 5 mol% 的情况下,其对碳素阴极影响很小;但在 900℃ 以下时,高含量的 KF(20 mol%)会使阴极产生较大的电解膨胀。电解质中钾盐的添加迫切需要开发出一种具有较好抗碱金属渗透性能的铝电解阴极。Lü Xiaojun

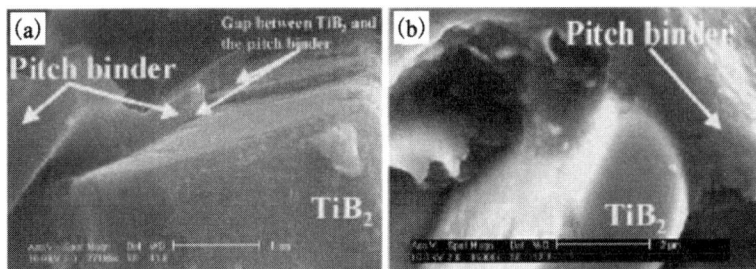

图 1-29 TiB₂ - C 复合阴极中沥青黏结剂与 TiB₂ 颗粒界面

(a)结合较差的界面；(b)结合较好的界面

等人[119]以改性沥青为黏结剂制备了 TiB₂ - C 复合阴极。对改性沥青的研究发现，当热处理温度从 220℃升高至 420℃时，改性沥青的黏度逐渐增大，其结焦值也由 47% 提高到了 70%，电解膨胀的测试结果则表明，以改性沥青为黏结剂，可以在一定程度上有效降低 TiB₂ - C 复合阴极的电解膨胀率。Ren Bijun 等人[120]采用震动成型的方法，在碳质阴极表面制备了一层可润湿性 TiB₂ 层，配方为：40% ~ 60% ECA + 5% ~ 20% 石墨粉 + 15% ~ 20% 沥青 + 30% ~ 60% TiB₂，在 300 kA 级电解槽上的实验结果表明，可润湿性 TiB₂ 层的电阻率及电解过程中的槽电压均较低，TiB₂ 层稳定，铝液中钛含量仅为 0.0025%，该涂层的使用可使吨铝电耗下降 400 kWh，提高电流效率 1% ~ 2.5%，电解槽启动初期，节约 1.7 t Na₂CO₃ 的使用。

Xue Jilai 等人[121, 122]研究发现，阴极钠膨胀率随着电流密度及分子比的增加而增大，随着阴极 TiB₂ 含量的增大逐渐降低，LI Jie 等人[145]也得到了类似的研究结果。Xue Jilai 的研究还发现，阴极中碱金属钠的渗透速率遵循菲克第二定律，并沿着钠在阴极中的渗透方向，绘制出了不同区域钠的分布图，可以看出，最大渗入量为 3.5%，碳质阴极中 NaF 和 Na₃AlF₆ 的渗入量远高于 TiB₂ - C 复合阴极中它们的渗入量。刘庆生[123]等人的研究发现，在黏结剂相中添加 B₂O₃ 后可以减缓电解过程中碱金属钠的渗透速率，但会增加最终阴极的电解膨胀量；而添加 TiB₂ 既能减少碱金属钠的渗透量，又能降低碳基阴极的电解膨胀率。

Li Qingyu 等人[124]在 160 kA 级电解槽中对比研究了电解过程中碳胶 TiB₂ 涂层阴极及半石墨质阴极内衬的演变过程。结果表明，TiB₂ 涂层可以有效地减缓碱金属钠在阴极中的渗透速率，从而降低阴极电极膨胀率，避免碳素内衬由于过度膨胀所引起的破损，如图 1-30 所示。

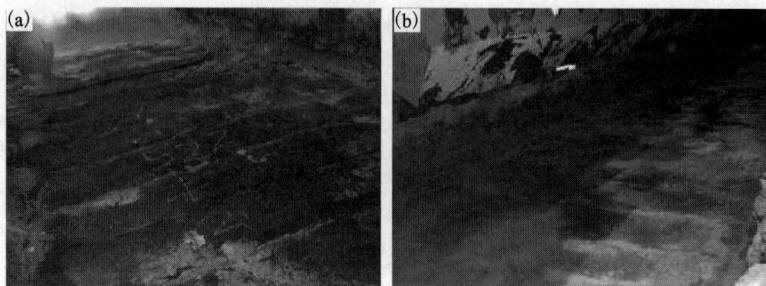

图 1 – 30　160 kA 级预焙铝电解槽运行 1 年后阴极表面形貌
(a)未用 TiB$_2$ 涂层；(b)使用了 TiB$_2$ 涂层

第 2 章　低温电解质熔体中半石墨质阴极电解膨胀研究

2.1　引言

　　低温铝电解由于能够起到节能降耗的作用，业已成为铝电解技术的发展方向之一。研究发现[125~127]，在一定温度范围内，电解温度每降低 10℃，电流效率将提高 1%~2%，节能效果显著。但是，电解温度的降低对于氧化铝的溶解不利，严重情况下会出现阴极结壳，导致电解无法正常进行。因此，选择合适的低温电解质熔体是实现低温铝电解节能的关键。钾冰晶石 – 氧化铝作为典型的低温电解质体系[128~130]，具有优异的氧化铝溶解能力及电解过程中良好的运行稳定性。考虑到纯钾冰晶石作为电解质熔体时对阴极的潜在危害，可以采用钾冰晶石和钠冰晶石的复合电解质体系，这样既可以降低电解温度，改善 Al_2O_3 溶解性能，同时可避免纯钾冰晶石熔体对阴极的灾难性破坏。从国内外公开发表的文献可知[75, 126, 131, 132]，关于电解过程中，碱金属对阴极性能影响的研究工作，多集中在钠冰晶石体系中，而有关钾对阴极性能的影响，尤其是钾冰晶石和钠冰晶石复合电解质熔体中，碱金属对阴极性能的影响鲜有报道。而这种新型含钾低温电解质体系最终能否得以工业化应用，深入定量地研究其对铝电解阴极的渗透及其所引起的膨胀十分必要。

2.2　半石墨质阴极电解后形貌及元素分布

　　将电解之后的阴极试样 A_4 沿径向方向剖开，其断面距底部约 10 mm。采用日本 JEOL JSM – 5600LV 型扫描电镜对断面的边部和中部进行形貌及元素面分析。图 2 – 1 为断面边部的形貌和元素面分析图。形貌图中白色区域主要是经阴极的孔隙渗透进入试样内部的电解质，灰色区域为半石墨质阴极。电解过程中，碱金属和电解质的渗透相辅相成，互相促进，因为，一旦阴极表面上有碱金属生成，在其 S 电子与碳材料中 π 电子的键合作用下，碱金属 K、Na 便会向阴极渗透并改善电解质与阴极的润湿性，加之电毛细作用的影响，较多的电解质便会渗透进入阴极之中，并填充在阴极内部的孔隙当中；反过来，正是阴极孔隙当中存在的这些电解质, 也使得电解质与阴极的实际接触面积增加(见图 2 - 2)[133], 从而又加剧了碱金属 K、Na 向阴极的渗透。同时, 从元素面分析图中可以看出, K、Na 渗透进入了阴极内部, 但 K 与 F、Na 与 F 并不完全出现在同一区域, 说明渗透进入阴极的 K 和 Na, 并不完全是所渗入的电解质中的 K 和 Na, 图中所示与 F 不在同一区域的 K 和 Na 是电解过程中阴极表面所析出的, 并渗透进入了阴极之中, 引起阴极宏观膨胀和破损。同时也可以看出, K 比 Na 渗入量多, 表明在同样的条件下, K 的渗透能力更强。

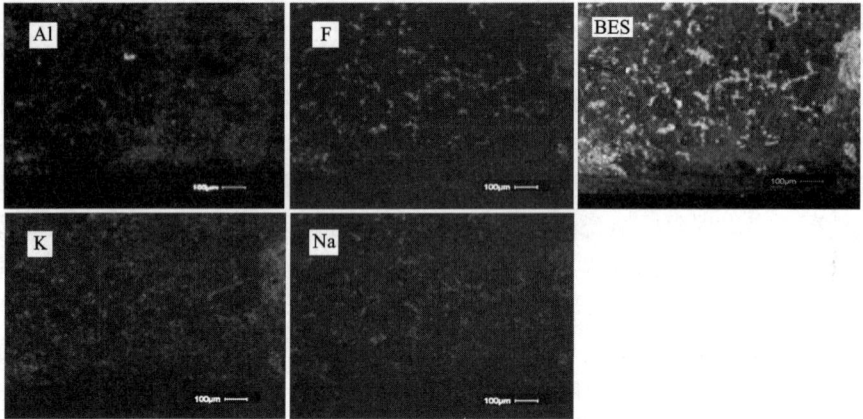

图 2 - 1 电解后试样 A_4 剖面边部形貌及元素面分析图

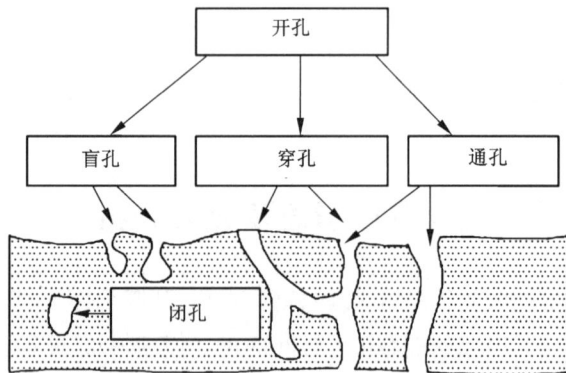

图 2 - 2 阴极内部不同类型的孔隙结构示意图

图 2 - 3 为试样 A_4 剖面中部的形貌和元素面分析图。从形貌图中可以看到, 与图 2 - 1 类似, 剖面中部也有电解质渗入, 大都集中在阴极的孔隙当中, 但与图 2 - 1 相比, 明显减少。元素面分析图显示, K 与 F、Na 与 F 并不完全存在于同一

区域,说明阴极表面所析出的碱金属 K、Na 均不同程度地渗入阴极内部。同时还可以看到,虽然与图 2-1 相比 K、Na 的渗入量均有所减少,但在同一区域中,K 的渗入量仍比 Na 大,进一步说明 K、Na 由外而内,逐渐渗透进入了阴极内部,K 比 Na 有着更强的渗透力。

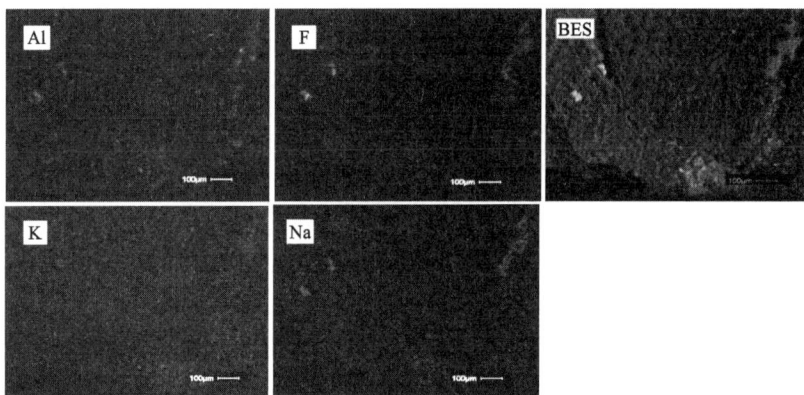

图 2-3 电解后试样 A_4 剖面中部形貌及元素面分析图

将电解后的阴极试样 CDA_9 和 STA_9 沿径向方向切开,其剖面距底部约 10 mm。采用 NORAN VANTAGE4105 型 X 射线能谱仪对试样剖面进行元素微区分析。图 2-4 为试样 CDA_9 剖面中心处的 X 光量子能谱曲线图。从图中可以明显地看出,F、Al、K 和 Na 等元素均不同程度地渗透进入了阴极内部,表明电解过程中,确实存在一部分电解质或碱金属 K、Na 渗透进入了阴极内部。

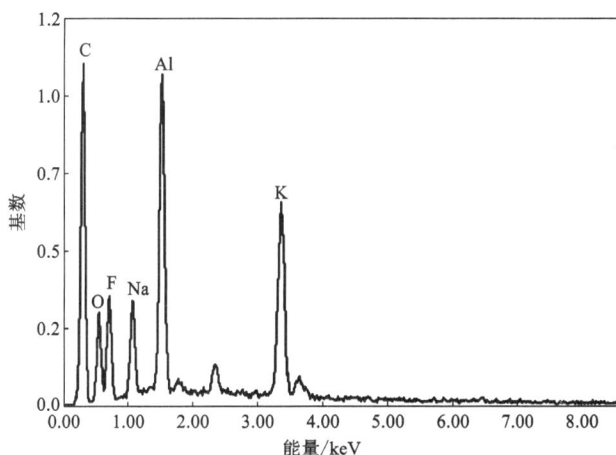

图 2-4 试样 CDA_9 剖面中部 EDS 分析

表 2 - 1 为沿试样 CDA_9 剖面径向方向，由试样边部至其中心部位（a、b、c、d 点，见图 2 - 5）各点处 F、K 和 Na 各元素的原子百分比以及元素 K、Na 物质的量之和与元素 F 物质的量之比，用 n_c^i 表示。

从表 2 - 1 中可以看出，F、K、Na 等元素虽不同程度地由外而内渗透进入了阴极内部，但由此并不能确定这部分 K、Na 元

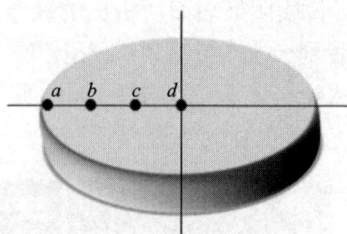

图 2 - 5　阴极剖面分析部位示意图

素究竟是由电解质的渗透所带来的还是由碱金属 K、Na 的渗透所带来的，为此，我们定义了参数 n_c^i，为分析渗透进入阴极的 K、Na 的来源提供方便。

表 2 - 1　试样 CDA_9 剖面各点处元素原子百分比及 K、Na 物质的量之和与 F 物质的量之比

编号	各元素的原子百分数/%			n_c^i
	F	Na	K	
a	14.17	12.54	15.25	1.96
b	11.06	8.29	12.86	1.91
c	9.54	6.95	10.13	1.79
d	8.27	6.17	8.54	1.78

我们注意到，在钠冰晶石体系中进行电解时，除了碱金属 Na 之外，渗透进入阴极的其他物质主要包括 NaF、Na_3AlF_6、和 $Na_5Al_3F_{14}$ 等[134]，元素 Na 物质的量与元素 F 物质的量之比最大为 1。在元素周期表中，K 与 Na 属于同一主族，性质极其相似，由此可以推断，在低温电解质 $[K_3AlF_6/Na_3AlF_6]-AlF_3-Al_2O_3$ 熔体中进行电解时，元素 K 和元素 F 的物质的量之和最大也为 1。因此，通过考察参数 n_c^i 值的大小，便可以在一定程度上对渗透进入阴极内部的 K、Na 来源进行分析，当 n_c^i 值大于 1 时，渗透进入阴极内部的元素 K、Na 中，必定有一部分是源自于电解过程中阴极表面所析出并渗透进入阴极内部与碳反应生成嵌合物的碱金属 K、Na。从表 2 - 1 中可以看出，其中的 n_c^i 值均大于 1，说明渗透进入阴极的元素 K、Na 不完全是以电解质组分形式存在，而有一部分是电解过程中阴极表面所析出的并渗透进入阴极形成嵌合物的碱金属 K、Na。由表 2 - 1 还可以看出，由表及里 n_c^i 值逐渐减小，这说明碱金属 K、Na 由外而内渗透进入了阴极内部，渗入量逐渐减少。各点处 K 的含量均大于 Na 的含量，说明 K 比 Na 有着更强的渗透力。

半石墨质阴极中含有一定量的石墨组分。石墨具有良好的层状结构，层面内

碳原子以 SP² 杂化轨道电子形成的共价键及 2Pz 轨道电子形成的金属键相联结，形成牢固的六角网状平面，碳原子间具有极强的键合能(345 kJ/mol)。而在层间，则以微弱的范德华力相结合(键能 16.7 kJ/mol)。层面与层间键合力的巨大差异及微弱的层间结合力，导致多种原子、分子、粒子团都能顺利突破层间键合力，插入层间，形成了 GICs(见图 2 - 6)，碱金属插层化合物便是其中的一种[135]。

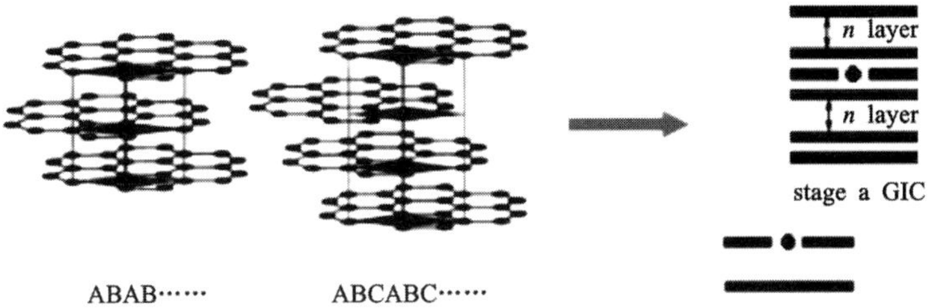

图 2 - 6　石墨的晶体结构

对于电解过程中阴极表面所析出的碱金属 Na 来说，其渗透进入阴极，所形成的 GICs 多为高阶，如 $C_{64}Na$，其为 8 阶 GICs，即每一层钠原子之间相隔着 8 层碳原子；而对于碱金属 K 来说，其渗透进入阴极所形成的 GICs 多为低阶，如 C_8K，其为 1 阶 GICs，即每一层钾原子之间，相隔着 1 层碳原子。正是这个原因，使得渗透进入阴极，形成插层化合物的碱金属钾的量大于形成插层化合物的碱金属钠的量，宏观上则表现为，渗透进入阴极的碱金属钾的量大于碱金属钠的量，钾具有比钠更强的渗透能力[136, 137]。此外，电毛细作用也会加剧碱金属 K、Na 的渗透。

从表 2 - 1 中还可以看出，阴极剖面各点处均有 F 元素的存在，说明电解过程中，除了碱金属的渗透外，以氟化物形式存在的电解质同样由外至内渗透进入了阴极。极化条件下，这部分氟化物的渗入会导致阴极表面碱金属的析出量增大，并对阴极产生更强的破坏作用，最终缩短电解槽的使用寿命。

图 2 - 7 所示为试样 STA_9 剖面中心处的 X 光量子能谱曲线图。与试样 CDA_9 检测结果类似，F、Al、K 和 Na 等元素均不同程度地渗透进入了阴极内部，表明部分电解质或碱金属 K、Na 渗透进入了阴极内部。

表 2 - 2 为沿试样 STA_9 剖面径向方向，由试样边部至其中心部位(a、b、c、d 点)各点处 F、K 和 Na 各元素的原子百分比以及元素 K、Na 物质的量之和与元素 F 物质的量之比。与试样 STA_9 剖面的分析结果类似，碱金属 K、Na 由外而内，渗透进入阴极内部，渗入量逐渐减小。同一区域，K 的含量大于 Na 的含量，K 比 Na 有着更强的渗透能力，同时，氟化物的存在强化了碱金属对阴极的破坏作用。

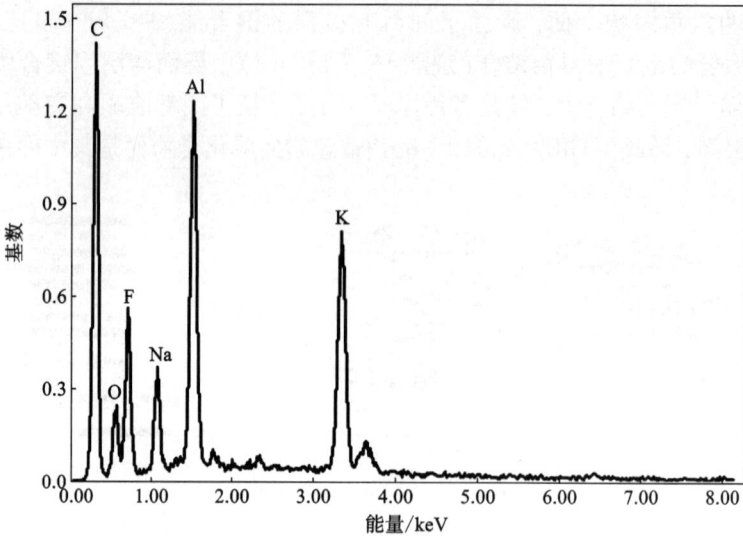

图 2-7　试样 STA₉ 剖面中部 EDS 分析

表 2-2　试样 STA₉ 剖面各点处元素原子百分比及 K、Na 物质的量之和与 F 物质的量之比

编号	各元素的原子百分数/%			n_c^i
	F	Na	K	
a	16.93	9.11	14.52	1.40
b	15.25	8.35	12.78	1.39
c	14.59	7.12	9.97	1.17
d	13.67	6.11	8.06	1.04

2.3　分子比对半石墨质阴极电解膨胀的影响

图 2-8 所示为不同 KR 条件下，CR 对半石墨质阴极电解膨胀率的影响。其中，纵坐标为试样的线性膨胀率 ρ(%)，横坐标为 CR。当 CR = 1.4，KR = 0.1 时，阴极电解膨胀率最小，为 1.27%；而当 CR = 3，KR = 0.5 时，阴极电解膨胀率最大，为 9.68%。同时，随着 CR 的增加，阴极的电解膨胀率呈现出增大的趋势。在 KR 分别为 0.1、0.2、0.3、0.4、0.5 的条件下，当 CR 从 1.4 增大至 3.0 时，阴极电解膨胀率分别由 1.27%、1.52%、1.78%、1.34% 和 1.47% 增大至 2.69%、3.44%、4.77%、6.11% 和 9.68%。

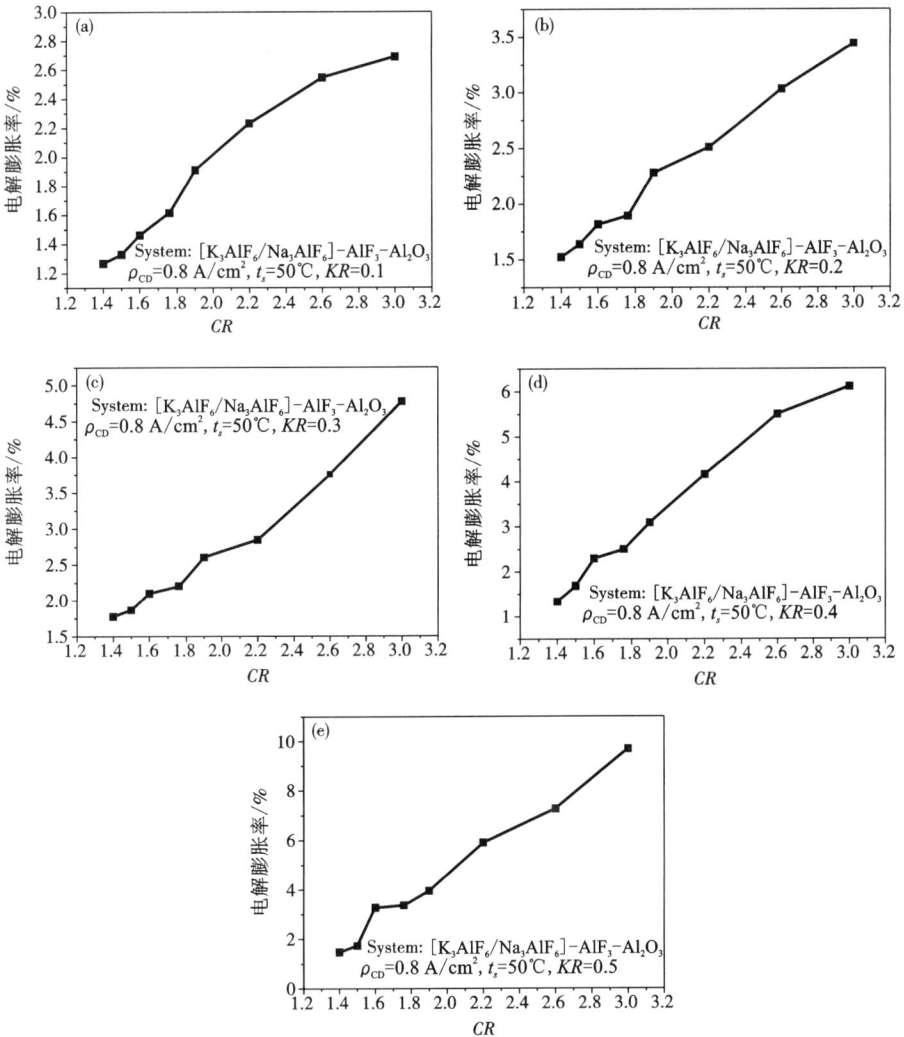

图 2-8　不同 *KR* 条件下，*CR* 对半石墨质阴极电解膨胀率的影响

（a）*KR* = 0.1；（b）*KR* = 0.2；（c）*KR* = 0.3；（d）*KR* = 0.4；（e）*KR* = 0.5

　　然而，不同 *KR* 条件下，随 *CR* 的增加，阴极电解膨胀率的增幅有所不同，当 *KR* = 0.5 时，*CR* 对半石墨质阴极电解膨胀率的影响最大，*CR* 平均每增加 0.1，半石墨质阴极的电解膨胀率将增加 0.51%，而当 *KR* = 0.1 时，*CR* 对半石墨质阴极电解膨胀率的影响最小，*CR* 平均每增加 0.1，半石墨质阴极的电解膨胀率仅增加 0.09%。

铝电解过程是在较高的温度下进行的，在这种情况下，阴极表面所生成的液态铝会与熔体中的 NaF 或 KF 发生置换反应，生成碱金属 K 和 Na。同时，熔体中的 Na^+ 和 K^+ 在一定条件下也可能在阴极表面直接放电，析出碱金属 K 和 Na。电解质中，碱金属 K、Na 的析出反应如式(1-4)和式(1-5)所示。

这部分碱金属 K、Na 会通过碳素晶格或孔隙扩散渗透至碳素晶格层间，并与之反应形成 GICs，从而加大了石墨层间距离，宏观上则表现为阴极试样的膨胀和破损。因此，阴极表面碱金属 K、Na 生成量的多少会直接影响阴极表面 K、Na 的浓度，进而影响到碱金属 K、Na 的扩散动力学参数，最终，对阴极的电解膨胀性能产生影响。随着电解质分子比的增大，钠、钾与铝的析出电位差值减小，钠和钾在阴极上的析出量增加，从而加剧了 K 和 Na 对阴极的渗透，促使插层反应向生成插层化合物的方向进行，导致阴极电解膨胀率的增大。同时，分子比也会影响反应方程式(1-4)的平衡，随着分子比增加，电解质中 Na^+ 和 K^+ 的活度增加，反应方程式(1-4)向右移动，致使钾和钠的析出量增加，从而引起阴极电解膨胀率的增大。

2.4　钾冰晶石对半石墨质阴极电解膨胀的影响

图 2-9 所示为不同 CR 条件下，KR 对半石墨质阴极电解膨胀的影响。其中，纵坐标为试样的线性膨胀率 $\rho(\%)$，横坐标为 KR。从图中可以看出，KR 对阴极电解膨胀率的影响随 CR 的不同而不同，当 CR 为 1.6、1.76、1.9、2.2、2.6 和 3.0 时，随着 KR 的增大，半石墨质阴极的电解膨胀率逐渐增大。KR 平均每增加 0.1，阴极电解膨胀率将分别增加 0.45%、0.44%、0.51%、0.92%、1.18% 和 1.75%，CR 越大，KR 对阴极电解膨胀率的影响也越大。

在一定分子比的条件下，KR 的增加相当于将等量的钠冰晶石换成钾冰晶石。钾原子半径为 227.2 pm，钠原子半径为 190 pm，钾原子半径大于钠原子半径，当等量的钾渗透进入阴极形成石墨插层化合物后，其宏观上所造成的阴极膨胀较钠来说要大一些，即，分子比一定，KR 的增大将会引起整个阴极更大的膨胀率。因此，随着 KR 的增大，阴极电解膨胀率逐渐增大。但是，本实验并没有表现出文献中所报道的钾渗透力是钠渗透力的数十倍。原因可能是在较低温度下进行电解时，钾、钠与铝之间的析出电位之差变大，钾、钠的析出量减小，渗透力降低，渗透进入阴极的量减少[138]；此外，本实验的 ρ_{CD} 为 0.8 A/m²，在这样的条件下，铝液与阴极的润湿性会得到改善，电解过程中，阴极周围包覆了一层铝膜，这可以在一定程度上阻止碱金属钾和钠的渗透[154, 156]。

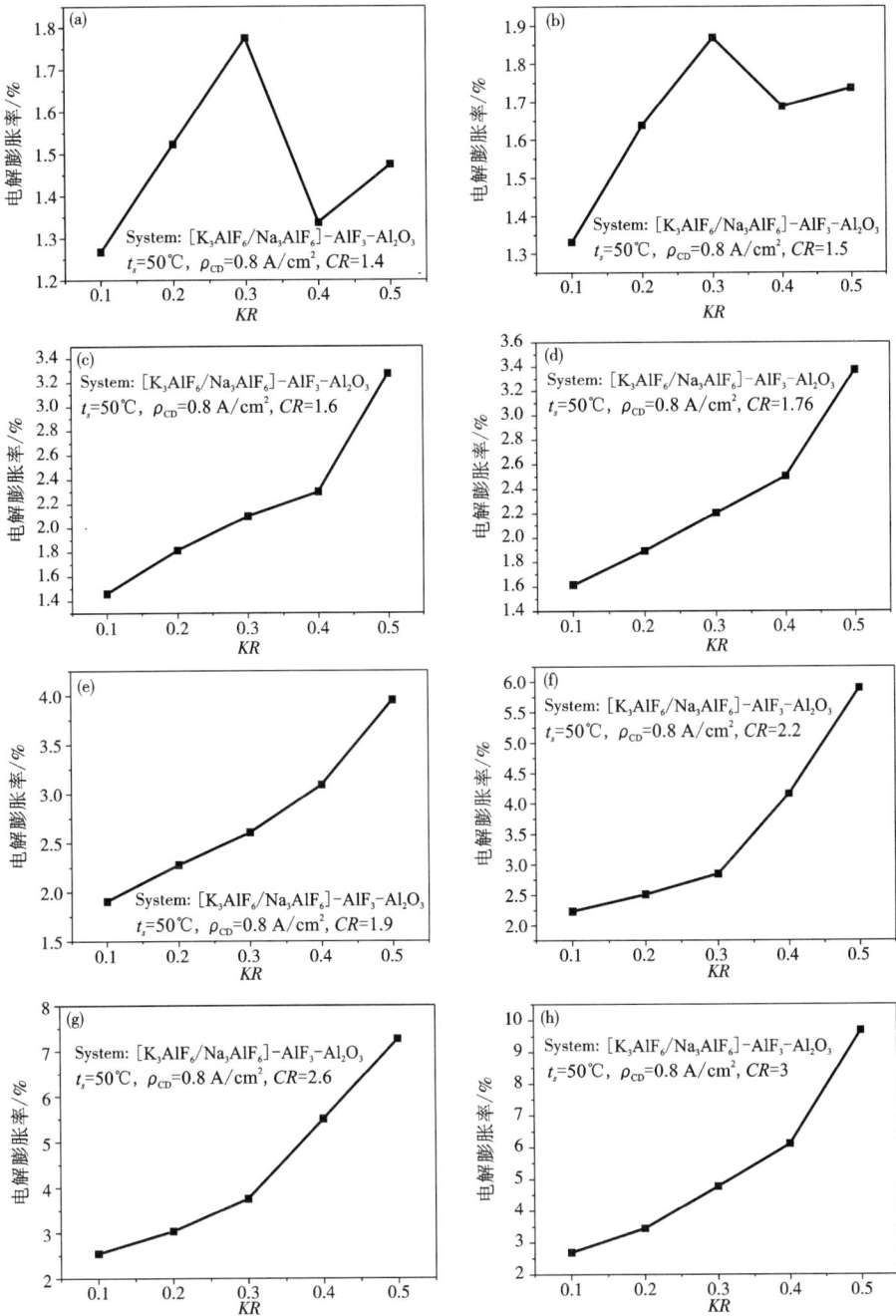

图 2-9　不同 *CR* 条件下；*KR* 对半石墨质阴极电解膨胀率的影响

（a）*CR* = 1.4；（b）*CR* = 1.5；（c）*CR* = 1.6；（d）*CR* = 1.76；

（e）*CR* = 1.9；（f）*CR* = 2.2；（g）*CR* = 2.6；（h）*CR* = 3

当 CR 为 1.4 和 1.5 时，阴极电解膨胀率并没有随 KR 的增加而增大，而是呈现出先增大，再减小，而后又增大的现象。即，当 KR 由 0.1 增大到 0.3 时，半石墨质阴极的电解膨胀率呈现出增大的趋势，而当 KR 继续增大至 0.4 时，半石墨质阴极的电解膨胀率突然降低，随后当 KR 为 0.5 时，阴极电解膨胀率又有所增大。出现这种现象的原因如下：K 的沸点为 757℃，Na 的沸点为 881℃。当 KR 增大到 0.4 时，实际的电解温度介于钾和钠的沸点之间；KR 为 0.5 时，实际的电解温度低于钾和钠的沸点。在如此低的温度下进行电解，碱金属 K、Na 的蒸汽压较低，导致 K、Na 对阴极的渗透能力降低[139]。此外，较低的电解温度也会影响 K、Na 和 Al 之间析出电位的差值，随着电解温度的降低，K、Na 和 Al 之间的析出电势差加大，这使得碱金属 K、Na 不易析出，从而致使其对阴极的破坏力降低。因此，当 KR 增大到 0.4 和 0.5 时，虽然 KR 较前有所增大，但受电解温度的影响，阴极电解膨胀率并没有增大，反而下降。说明在此条件下，温度对阴极电解膨胀的影响超过了 KR 对其的影响。

2.5 电流密度对半石墨质阴极电解膨胀的影响

图 2 – 10 所示为不同 CR 条件下，阴极电解膨胀率随 ρ_{CD} 的变化曲线。从图中可以看出，随着 ρ_{CD} 的增加，阴极电解膨胀率呈现出增加的趋势。对于 CR 为 1.6 的熔体，当 ρ_{CD} 为 1.0 A/cm² 时，阴极电解膨胀率最大，为 2.52%；而当 ρ_{CD} 为 0.2 A/cm² 时，阴极电解膨胀率最小，为 1.14%。同时可以看出，按照阴极电解膨胀率增幅的不同，ρ_{CD} 可被分为三个区间段。当 ρ_{CD} 由 0.2 A/cm² 增大到 0.4 A/cm² 时，阴极电解膨胀率逐渐增加且增幅明显，ρ_{CD} 平均每增加 0.1 A/cm²，阴极电解膨胀率将增加 0.29%；而当 ρ_{CD} 从 0.4 A/cm² 增大到 0.7 A/cm² 时，阴极电解膨胀率的增幅明显减小，ρ_{CD} 平均每增加 0.1 A/cm²，阴极电解膨胀率仅增加 0.11%，几近出现一个平台；当 ρ_{CD} 继续增大至 1.0 A/cm² 时，阴极电解膨胀率又以较大幅度增加，ρ_{CD} 平均每增加 0.1 A/cm²，阴极电解膨胀率将增加 0.21%。

分子比为 1.9 的熔体，也表现出了类似的规律，当 ρ_{CD} 为 1.0 A/cm² 时，阴极电解膨胀率最大，为 3.05%；而当 ρ_{CD} 为 0.2A/cm² 时，阴极电解膨胀率最小，为 1.37%。同时，仍可按阴极电解膨胀率增幅的不同将 ρ_{CD} 分为三段：0.2 ~ 0.4 A/cm²，0.4 ~ 0.7 A/cm² 和 0.7 ~ 1.0 A/cm²，不同区间段内，ρ_{CD} 平均每增加 0.1 A/cm²，阴极电解膨胀率将分别增加 0.24%，0.05% 和 0.22%。ρ_{CD} 在 0.4 ~ 0.7 A/cm² 的范围内时，阴极电解膨胀率的增幅最小。

随着 ρ_{CD} 的增大，阴极极化作用明显增强，电解质与阴极润湿性得到改善，这使得电解质更加容易渗透进入阴极材料，造成更多碱金属 K、Na 的渗入，形成

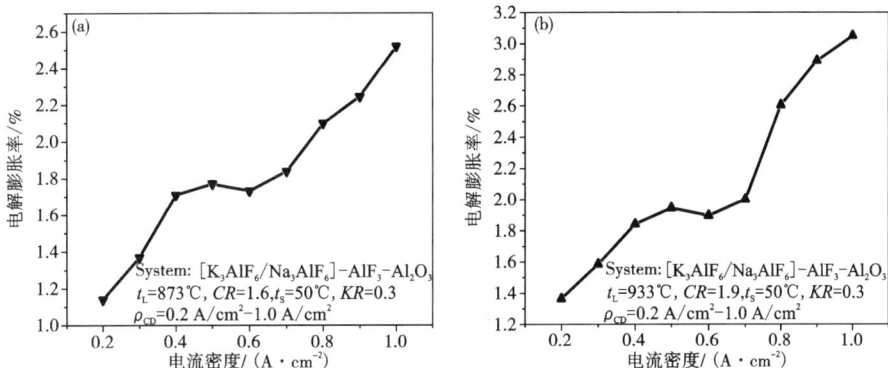

图 2-10　不同 CR 条件下半石墨质阴极电解膨胀率随 ρ_{CD} 的变化

（a）$CR = 1.6$；（b）$CR = 1.9$

GICs[112]，导致材料更大的膨胀。同时，ρ_{CD} 会对阴极表面附近扩散层中 NaF/KF 的浓度产生影响，即影响熔盐和阴极界面上的 CR[140]。电解质中存在着大量的 K^+ 和 Na^+，且电流基本上是由 K^+ 和 Na^+ 传导迁移的。随着 ρ_{CD} 的提高，大量的 K^+ 和 Na^+ 迁移至阴极表面附近，造成这一局部区域电解质的 CR 提高，从而导致反应方程式（1-4）向右移动，阴极表面碱金属 K、Na 的生成量增大，其渗透进入阴极的量随之增加。

此外，ρ_{CD} 也会影响碱金属 K、Na 与 Al 之间的析出电位差[141]。电解过程中，当 ρ_{CD} 增大时，阴极表面附近区域 Al^{3+} 离子浓度迅速减小，同时 Na^+ 和 K^+ 浓度相对增大，这使碱金属 K、Na 和 Al 之间的析出电位差减小，甚至 K、Na 优先析出。因此，随着 ρ_{CD} 的增大，阴极表面会有更多量的碱金属 K、Na 析出，增加了阴极表面碱金属的浓度，强化了其对阴极的渗透。

至于 ρ_{CD} 从 0.4 A/cm^2 增大至 0.7 A/cm^2 时，阴极电解膨胀率增幅减小这一现象，国内外的研究者在钠冰晶石电解质体系中也得到了类似的研究结果[118, 154, 142]，其原因是与电解生成的铝液和阴极之间的润湿性改变有关。当 ρ_{CD} 在 0.4 A/cm^2 至 0.7 A/cm^2 之间时，铝液与阴极之间的润湿性得到一定的改善，电解过程中，阴极周围包覆了一层铝膜，这在一定程度上阻碍了 K、Na 的渗透，使得阴极电解膨胀率增幅减小。当 ρ_{CD} 较小时，铝液与阴极之间的润湿性较差，铝液的保护能力较弱；但当 ρ_{CD} 继续增大时，相比于铝液保护膜，K、Na 的渗透更为显著，从而表现出电解膨胀率进一步增大的趋势。

2.6 过热度对半石墨质阴极电解膨胀的影响

图 2-11 所示为不同 CR 条件下，阴极电解膨胀率随 t_S 的变化曲线。从图中可以看出，随着 t_S 的增加，半石墨质阴极的电解膨胀率呈现出增大的趋势。对于 CR 为 1.6 的熔体而言，当 t_S 为 50℃时，阴极电解膨胀率最大，为 2.10%；而当 t_S 为 10℃时，阴极电解膨胀率最小，为 1.26%，t_S 每增加 5℃，半石墨质阴极的电解膨胀率增加 0.11%。而对于 CR 为 1.9 的熔体而言，当 t_S 为 50℃时，阴极电解膨胀率最大，为 2.61%；而当 t_S 为 10℃时，阴极电解膨胀率最小，为 1.38%，t_S 每增加 5℃，半石墨质阴极的电解膨胀率增加 0.15%。在较高 CR 的条件下，t_S 对半石墨质阴极电解膨胀率的影响较大。

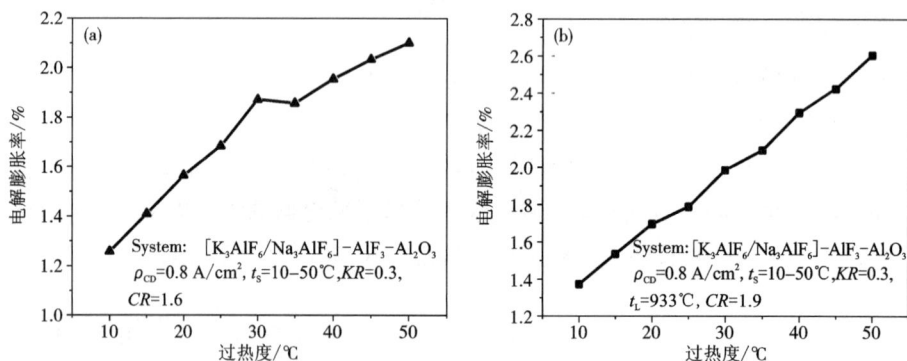

图 2-11 不同 CR 条件下半石墨质阴极电解膨胀率随 t_S 的变化曲线

(a) $CR = 1.6$；(b) $CR = 1.9$

阴极表面碱金属 K、Na 的析出量会直接影响阴极的电解膨胀。虽然铝电解过程中阴极的主反应为铝离子放电析出金属铝，但是，随着温度的升高，碱金属 K、Na 和 Al 之间的析出电位差值逐渐减小[152]，这使得 K、Na 趋于与金属 Al 在阴极表面共同析出，析出离子反应方程式如式 (1-5) 所示。温度越高，K、Na 的析出量越大，宏观上则表现为阴极电解膨胀率随温度的升高而增大。另一方面，温度的升高不仅可以增加离子的扩散速率，使阴极附近的熔体不易产生贫化层，阴极表面附近区域的 Na^+ 和 K^+ 浓度增高，而且也会增加电化学反应的速率[143]，有利于碱金属 K、Na 的生成，最终造成阴极电解膨胀率的增大。

2.7　半石墨质阴极中碱金属 K、Na 的渗透速率

图 2 – 12 所示为不同电解质熔体及不同电解工艺条件下，半石墨质阴极电解膨胀率曲线。其中，纵坐标为试样的线性膨胀率 $\rho(\%)$，横坐标为电解时间。从图中可以直接读出试样的电解膨胀率，它是碱金属 K、Na 渗透进入阴极材料中量的反映，仅为电解过程中某一时刻的 K、Na 渗透量，未能涉及渗透速率。而 K、Na 渗透速率的大小对阴极材料也有很大影响，碱金属渗透过快，同样会造成阴极的破损。此外，电解膨胀率曲线只是一种图形，用于表征材料性能或比较阴极材料的优劣不够方便。为此，可以通过引入数学模型，探索利用数值来表征半石墨质阴极的电解膨胀性能。

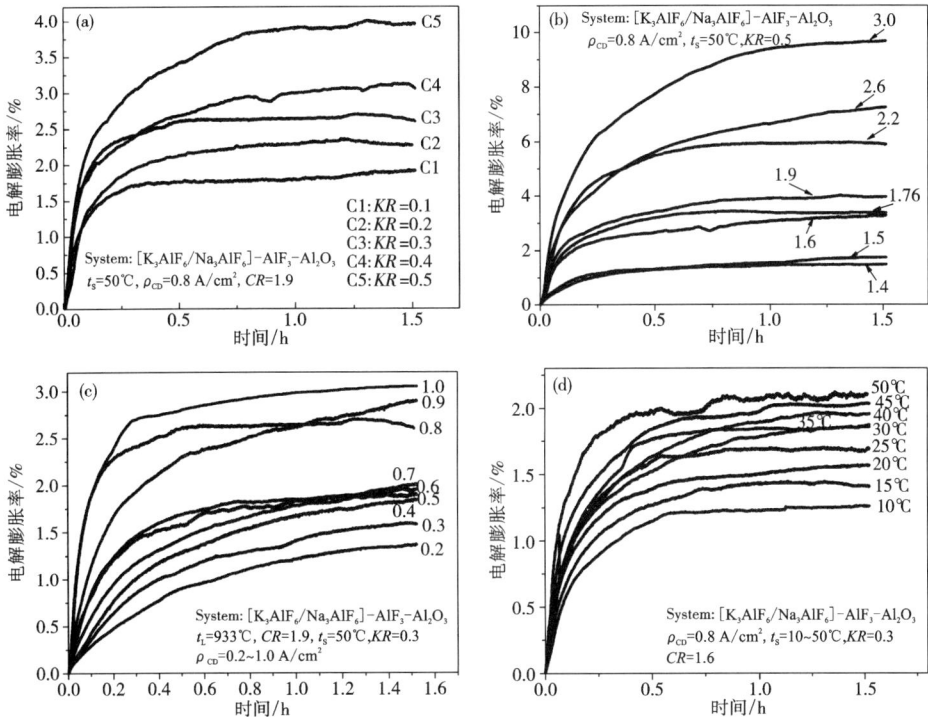

图 2 – 12　半石墨质阴极电解膨胀率

(a) KR 的影响；(b) CR 的影响；(c) ρ_{CD} 的影响；(d) t_S 的影响

从图 2 – 12 中可以明显地看到，新型含钾电解质中所测得的阴极电解膨胀率曲线均呈抛物线状。这与钠冰晶石体系中阴极电解膨胀率曲线相似，均表现为随

着时间的增加，在初期，阴极膨胀率增加很快，然后逐渐降低，一定时间后，基本稳定在一个值上。这说明，对于新型含钾电解质体系中所测得的阴极电解膨胀率曲线，同样可以使用数学模型(2-1)进行全面定量的数值化表征[144]。这不仅可以简单直观地对阴极电解膨胀率进行分析比较，而且还可以对图中难以看出的 K、Na 渗透速率进行研究讨论。

$$y = ae^{-b/x} \qquad\qquad (2-1)$$

通过数学模型(2-1)，引入了常数 a 和因子 Q 对阴极材料的电解膨胀性能进行数值化表征。其中常数 a 可以表征材料的电解膨胀率，因子 Q 可以表征材料的 K、Na 渗透速率，Q 是一个既与 a 有关，也与 b 有关的量，$Q = a/b$。表2-3 所示为不同 CR 及不同 KR 条件下，根据模型(2-1)所计算出的 a、Q 值。从表2-3 中可以看出，随着 CR 的增加，参数 a 和因子 Q 逐渐增大，即阴极电解膨胀率和碱金属 K、Na 的渗透速率随 CR 的增加而增大。而 KR 对参数 a 和因子 Q 的影响则随 CR 的不同而不同，当 CR 为 1.6、1.76、1.9、2.2、2.6 和 3.0 时，参数 a 和因子 Q 随 KR 的增加而增大，说明阴极电解膨胀率和 K、Na 的渗透速率随 KR 的增加而增大；而当 CR 为 1.4 和 1.5 时，随着 KR 的增加，参数 a 和因子 Q 并没有逐渐增大，而是呈现出先增大，后减小，而后又增大的趋势，即，当 KR 从 0.1 增大至 0.3 时，参数 a 和因子 Q 逐渐增大，而当 KR 继续增大至 0.4 时，参数 a 和因子 Q 却出现回落，随后，当 KR 增大为 0.5 时，参数 a 和因子 Q 又有所增大。

表2-3　不同 CR 及不同 KR 条件下表征阴极材料电解膨胀性能的常数 a 和因子 Q

CR	KR	a	Q
1.4	0.1	0.92	201.08
	0.2	1.34	285.96
	0.3	1.59	309.61
	0.4	1.21	246.20
	0.5	1.25	287.17
1.5	0.1	1.01	273.13
	0.2	1.37	309.21
	0.3	1.69	343.97
	0.4	1.41	312.89
	0.5	1.48	321.34

续表 2 - 3

CR	KR	a	Q
1.6	0.1	1.25	366.23
	0.2	1.61	393.74
	0.3	1.87	485.06
	0.4	2.28	499.71
	0.5	2.65	522.68
1.76	0.1	1.26	370.56
	0.2	1.67	402.20
	0.3	1.94	535.10
	0.4	2.47	589.82
	0.5	2.95	637.45
1.9	0.1	1.68	458.31
	0.2	1.99	504.04
	0.3	2.43	625.73
	0.4	3.14	692.81
	0.5	3.34	785.30
2.2	0.1	2.06	566.73
	0.2	2.16	625.04
	0.3	2.89	674.85
	0.4	3.62	793.80
	0.5	5.05	1083.20
2.6	0.1	2.41	633.16
	0.2	2.72	756.86
	0.3	3.09	791.64
	0.4	4.30	916.24
	0.5	5.48	1268.53
3.0	0.1	2.44	698.53
	0.2	2.78	788.05
	0.3	3.77	857.89
	0.4	4.78	981.99
	0.5	7.57	1493.17

　　表 2-4 和表 2-5 分别为不同 ρ_{CD} 和不同 t_S 条件下，根据模型(2-1)所计算出的 a、Q 值。从表 2-4 和表 2-5 中可以看出，在两种不同 CR 的电解质熔体中，参数 a 和因子 Q 随 ρ_{CD} 和 t_S 的变化规律相似。随着 t_S 的提高，参数 a 和因子 Q 逐渐增大，即阴极电解膨胀率和 K、Na 渗透速率随 t_S 的提高而增大。而随着 ρ_{CD} 的增大，无论参数 a 还是因子 Q 虽呈现出增大的趋势，但与 t_S 对阴极电解膨胀性能的影响所不同的是，这种增大的趋势并不是线性的。当 ρ_{CD} 从 0.2 A/cm² 增大到 0.4 A/cm² 时，参数 a 和因子 Q 逐渐增大；而当 ρ_{CD} 由 0.4 A/cm² 增大到 0.7 A/cm² 时，它们的增幅明显减小；最后，当 ρ_{CD} 从 0.7 A/cm² 增加到 1.0 A/cm² 时，它们的增幅又有所增大。

表 2-4　不同 ρ_{CD} 条件下表征阴极材料电解膨胀性能的常数 a 和因子 Q

CR	$\rho_{CD}/(\mathrm{A \cdot cm^{-2}})$	a	Q
1.6	0.2	0.91	200.06
	0.3	1.07	263.50
	0.4	1.38	342.64
	0.5	1.46	356.39
	0.6	1.51	355.12
	0.7	1.50	364.69
	0.8	1.87	485.06
	0.9	1.92	523.52
	1.0	2.13	572.87
1.9	0.2	0.88	194.51
	0.3	1.06	256.16
	0.4	1.54	433.64
	0.5	1.61	412.94
	0.6	1.62	422.47
	0.7	1.70	431.57
	0.8	2.43	625.74
	0.9	2.89	789.73
	1.0	3.59	838.00

表 2 - 5　不同 t_S 条件下表征阴极材料电解膨胀性能的常数 a 和因子 Q

CR	t_S/℃	a	Q
1.6	10	1.05	241.30
	15	1.21	305.96
	20	1.32	364.55
	25	1.47	374.04
	30	1.49	397.46
	35	1.58	406.35
	40	1.62	452.78
	45	1.73	474.74
	50	1.87	485.06
1.9	10	1.06	292.91
	15	1.20	318.28
	20	1.36	325.45
	25	1.50	391.80
	30	1.57	435.51
	35	1.68	481.36
	40	1.80	511.13
	45	2.04	551.33
	50	2.43	625.74

通过以上的讨论可以看出，采用数学模型(2 - 1)可准确、便捷、全面地对阴极电解膨胀性能进行分析和对比研究。利用参数 a 和因子 Q 对半石墨质阴极在 $[K_3AlF_6/Na_3AlF_6] - AlF_3 - Al_2O_3$ 熔体中电解膨胀性能的表征是可行的，其避免了使用图形来比较判定材料性能所带来的不便。

2.8　半石墨质阴极电解膨胀率经验计算式及等电解膨胀率图

1. CR 和 KR 对半石墨质阴极电解膨胀率影响的经验计算式

通过对图 2 - 8 和图 2 - 9 中所测得的半石墨质阴极电解膨胀率结果进行非线性回归，得到以下经验计算式(2 - 2)：

$$\rho = -52.18 + 53.89CR^{2 \times 10^{-2}} - 11.02KR^{1.1} - 6.38CR^{1.38}KR + 15.27CR^{1.28}KR^{1.27}$$

$$(2-2)$$

式中：ρ 为半石墨质阴极电解膨胀率(%)。该回归计算式的相关系数为 0.987。将实验数据代入经验公式计算，所得结果和实验值列于表 2-6。

表 2-6 $[K_3AlF_6/Na_3AlF_6] - AlF_3 - Al_2O_3$ 中半石墨质阴极电解膨胀率的实验值与计算值

KR		CR							
		1.4	1.5	1.6	1.76	1.9	2.2	2.6	3.0
0.1	实验值	1.27	1.33	1.46	1.62	1.91	2.23	2.55	2.69
	计算值	1.29	1.35	1.50	1.66	1.88	2.20	2.49	2.61
	误 差	0.02	0.02	0.04	0.04	-0.03	-0.03	-0.06	-0.08
0.2	实验值	1.52	1.64	1.82	1.89	2.28	2.51	3.03	3.44
	计算值	1.50	1.61	1.78	1.86	2.24	2.46	3.05	3.50
	误 差	-0.02	-0.03	-0.04	-0.03	-0.04	-0.05	0.02	0.06
0.3	实验值	1.78	1.87	2.10	2.20	2.61	2.85	3.75	4.77
	计算值	1.74	1.84	2.05	2.14	2.58	2.90	3.83	4.87
	误 差	-0.04	-0.03	-0.05	-0.06	-0.03	0.05	0.08	0.10
0.4	实验值	1.34	1.69	2.30	2.50	3.09	4.16	5.50	6.11
	计算值	1.36	1.73	2.26	2.56	3.14	4.15	5.58	6.28
	误 差	0.02	0.04	-0.04	0.06	0.05	-0.01	0.08	0.17
0.5	实验值	1.47	1.74	3.27	3.37	3.95	5.90	7.26	9.68
	计算值	1.50	1.77	3.21	3.31	3.92	5.79	7.14	9.49
	误 差	0.03	0.03	-0.06	-0.06	-0.03	-0.11	-0.12	-0.19

从表 2-6 中可以看出，各组数据的实验值和计算值吻合较好。当 $CR = 3.0$，$KR = 0.5$ 时，电解膨胀率的实验值和计算值之间的偏差最大，为 0.19%，其绝对值的大小为实验值的 1.96%；而当 $CR = 2.2$，$KR = 0.4$ 时，电解膨胀率的实验值和计算值之间偏差最小，为 -0.01%，其绝对值的大小仅为实验值的 0.24%。全组数据计算值与实验值之间的平均偏差为 0.00775%。可以看出，通过多元非线性回归对所获实验数据的拟合较为成功，在本组实验条件范围内，可以用式 (2-2) 对实验结果进行描述。然而，经回归获得经验计算式的目的并不仅仅是为了对已知实验数据的描述，经验计算式更重要的意义在于其对未知实验结果的预

测。为此，设计了如表 2 - 7 所示的两组实验，对比其实验值和计算值，以此来验证式(2 - 2)的可靠性。

图 2 - 13 为不同 CR 和 KR 条件下，半石墨质阴极电解膨胀率实验值和计算值的对比。从图 2 - 13 中可以看出，实验值和计算值吻合较好。对于图 2 - 13(a)而言，阴极电解膨胀率的实验值与计算值之间最大的偏差为 0.04%，同时，计算值也很好地表现了在较低 CR 条件下，阴极电解膨胀率的非线性变化，即，随 KR 的增加，阴极电解膨胀率先增大后减小，而后又增大。而对于图 2 - 13(b)而言，阴极电解膨胀率的实验值与计算值之间的最大偏差也为 0.04%，并且也表现出了高 CR 条件下，阴极电解膨胀率随 KR 的增加而增大的特征。通过上述讨论可以看出，在 $CR = 1.4 \sim 3.0$，$KR = 0.1 \sim 0.5$ 的范围内，从半石墨质阴极在 $[K_3AlF_6 / Na_3AlF_6] - AlF_3 - Al_2O_3$ 熔体中电解膨胀率的测试结果，经多元非线性拟合得到的经验计算式(2 - 2)是可靠的。

表 2 - 7　实验用电解质 CR、KR 和 t_L

编号	CR	KR	$t_L /$ ℃
KA$_1$		0.1	862
KA$_2$		0.2	847
KA$_3$	1.55	0.3	832
KA$_4$		0.4	772
KA$_5$		0.5	763
KB$_1$		0.1	927
KB$_2$		0.2	929
KB$_3$	1.85	0.3	904
KB$_4$		0.4	871
KB$_5$		0.5	874

2. ρ_{CD} 对半石墨质阴极电解膨胀率影响的经验计算式

通过对图 2 - 10 中所测得的半石墨质阴极电解膨胀率结果进行非线性回归，得到以下经验计算式：

$$\rho = 3.37 - 10.66\rho_{CD}^{3.54} - 3.23CR^{0.96} + 7.61\rho_{CD}^{0.13}\ln CR \qquad (2 - 3)$$

式中：ρ 为半石墨质阴极电解膨胀率(%)。该回归计算式的相关系数为 0.99，将实验数据代入经验公式计算，所得结果和实验值列于表 2 - 8。

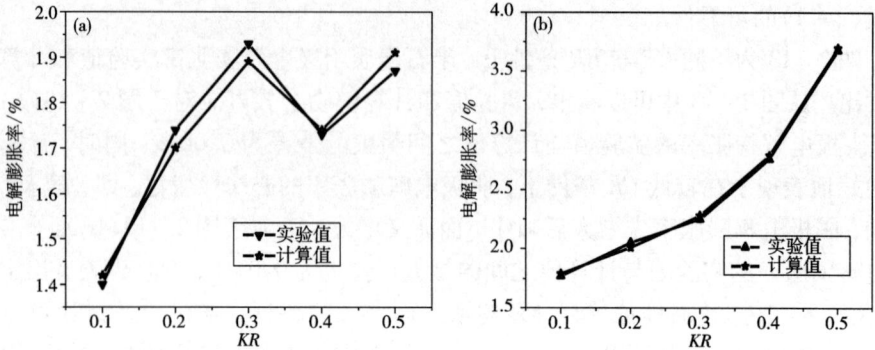

图 2 – 13　不同 *CR* 和 *KR* 条件下，阴极电解膨胀率实验值和计算值的对比

(a) $CR = 1.55$；(b) $CR = 1.85$

表 2 – 8　不同 *CR* 和 ρ_{CD} 条件下半石墨质阴极电解膨胀率实验值和计算值对比

CR		$\rho_{CD}/(\text{A} \cdot \text{cm}^{-2})$								
		0.2	0.3	0.4	0.5	0.6	0.7	0.8	0.9	1.0
1.6	实验值	1.14	1.37	1.71	1.77	1.73	1.84	2.1	2.24	2.52
	计算值	1.17	1.35	1.74	1.74	1.72	1.87	2.06	2.26	2.57
	误　差	0.03	-0.02	0.03	-0.03	-0.01	0.03	-0.04	0.02	0.05
1.9	实验值	1.37	1.59	1.84	1.94	1.9	2.01	2.61	2.89	3.05
	计算值	1.38	1.61	1.81	1.93	1.93	2.03	2.57	2.85	3.04
	误　差	0.01	0.02	-0.03	-0.01	0.03	0.02	-0.04	-0.04	-0.01

　　从表中可以看出，半石墨质阴极电解膨胀率的实验值和计算值较为符合，实验值与计算值之间的偏差最大为 0.04%，平均偏差为 0.00056%。可见通过多元非线性回归所得到的式(2 – 3)对于图 2 – 10 所示实验结果的拟合是成功的。为了验证式(2 – 3)对未知实验结果预测的准确性，设计了表 2 – 9 所示的一组实验。

　　图 2 – 14 为半石墨质阴极电解膨胀率实验值和计算值的对比。可以看出，实验值和计算值吻合较好，式(2 – 3)的计算结果较好地预测了实际的实验结果。经多元非线性拟合得到的经验计算式(2 – 3)是可靠的。

表 2 - 9　实验用电解质 *CR*、*KR*、*t*$_L$ 及 ρ_{CD}

编号	*CR*	*KR*	*t*$_L$/℃	ρ_{CD}/(A·cm^{-2})
CDC$_1$				0.2
CDC$_2$				0.3
CDC$_3$				0.4
CDC$_4$				0.5
CDC$_5$	1.4	0.3	803	0.6
CDC$_6$				0.7
CDC$_7$				0.8
CDC$_8$				0.9
CDC$_9$				1.0

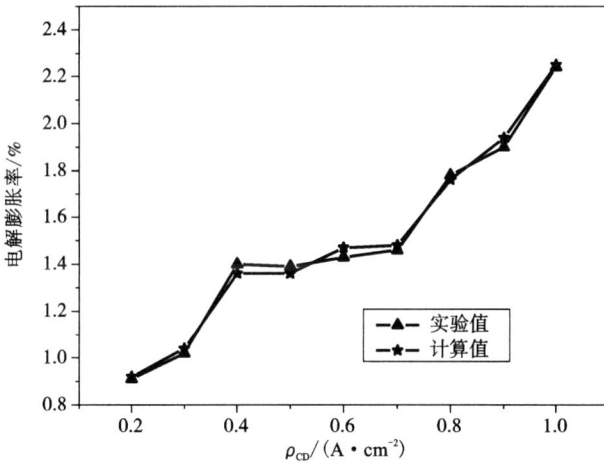

图 2 - 14　不同 ρ_{CD} 条件下阴极电解膨胀率实验值和计算值的对比

3. *t*$_S$ 对半石墨质阴极电解膨胀率影响的经验计算式

对图 2 - 11 中所测得的半石墨质阴极电解膨胀率结果进行非线性回归后，得到以下经验计算式：

$$\rho = 0.26 - 5.52 t_S^{0.81} + 0.33 CR^{0.95} + 0.13 t_S^{0.74} \ln CR \qquad (2 - 4)$$

式中：ρ 为半石墨质阴极电解膨胀率（%）；*CR* 为分子比；*t*$_S$ 为过热度。该回归计算式相关系数为 0.99，将实验数据代入经验公式计算，所得结果和实验值列于表 2 - 10。

表 2 – 10　不同 *CR* 和 t_S 条件下半石墨质阴极电解膨胀率实验值和计算值对比

CR		t_S/℃								
		10	15	20	25	30	35	40	45	50
1.6	实验值	1.26	1.41	1.56	1.68	1.87	1.86	1.95	2.03	2.1
	计算值	1.28	1.38	1.55	1.67	1.85	1.87	1.99	2.06	2.12
	误　差	0.02	-0.03	-0.01	-0.01	-0.02	0.01	0.04	0.03	0.02
1.9	实验值	1.38	1.54	1.7	1.79	1.99	2.09	2.3	2.42	2.61
	计算值	1.4	1.53	1.71	1.82	1.96	2.05	2.32	2.39	2.64
	误　差	0.02	-0.01	0.01	0.03	-0.03	-0.04	0.02	-0.03	0.03

　　从表中可以看出，阴极电解膨胀率的计算值与实验值吻合较好，它们之间偏差的最大值为 0.04%，最小值仅为 0.01%，平均偏差 0.00056%。由此可见，经验计算式(2 – 4)客观地反映了实际的实验结果。为了进一步考察式(2 – 4)的可靠性，验证其对未知实验结果预测的可靠性，设计了表 2 – 11 所示的一组实验。通过式(2 – 4)所获得的计算值与实验值如图 2 – 15 所示。从图中可以看出，计算值和实验值吻合较好，准确地反映出了实验值的大小及其变化规律，多元非线性拟合所得到的经验计算式(2 – 4)是可靠的。

表 2 – 11　实验用电解质 *CR*、*KR*、t_L 及 ρ_{CD}

编号	*CR*	*KR*	t_L/℃	ρ_{CD}/(A·cm^{-2})
STC$_1$				0.2
STC$_2$				0.3
STC$_3$				0.4
STC$_4$				0.5
STC$_5$	1.4	0.3	803	0.6
STC$_6$				0.7
STC$_7$				0.8
STC$_8$				0.9
STC$_9$				1.0

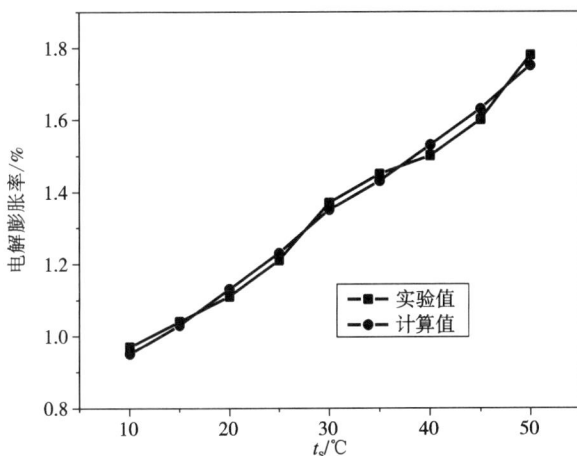

图 2-15　不同 t_S 条件下阴极电解膨胀率实验值和计算值的对比

4. 等电解膨胀率图

采用式(2-2)、式(2-3)和式(2-4)对实验数据进行处理后,可以获得一定电解质组成及电解工艺条件下 [K_3AlF_6/Na_3AlF_6] - AlF_3 - Al_2O_3 熔体中半石墨质阴极的等电解膨胀率图(见图 2-16)。一定范围内,通过等电解膨胀率图,在已知电解质组成和电解工艺条件下可以直接获得其所对应的半石墨质阴极电解膨胀率,也可以获得某一电解膨胀率所对应的电解质组成及电解工艺参数,这对于推动含钾低温电解质体系的工业化应用具有一定的指导意义。

从图 2-16(a)中可以直观地看出 CR 和 KR 对半石墨质阴极电解膨胀率的影响规律。一定 KR 条件下,随着 CR 的增大,阴极电解膨胀率呈现出增大的趋势,且 CR 对阴极电解膨胀率的影响程度区别不大。而 KR 对阴极电解膨胀率的影响则随 CR 的不同而不同。当 CR 低于 1.6 时,随着 KR 的增大,阴极电解膨胀率呈现出先增大,后减小,而后又增大的趋势;当 CR 在 1.6~3 之间时,随着 KR 的增大,阴极电解膨胀率呈现出增加的趋势。从图 2-16(b)和图 2-16(c)中可以分别直观地看出不同分子比条件下, ρ_{CD} 和 t_S 对半石墨质阴极电解膨胀率的影响。随着 t_S 的增加,半石墨质阴极电解膨胀率逐渐增大。而随着 ρ_{CD} 的增大,阴极电极膨胀率虽然呈现出增大的趋势,但在 0.4~0.7 A/cm² 的范围内,电解膨胀率的增幅很小,出现一个平台。

5. "低温、低电解膨胀率"含钾电解质熔体

阴极电解膨胀率是评价阴极性能优劣的重要参数。前面所进行的大量实验研究都是围绕新型含钾电解质熔体与半石墨质阴极相互作用情况而开展的,目的是

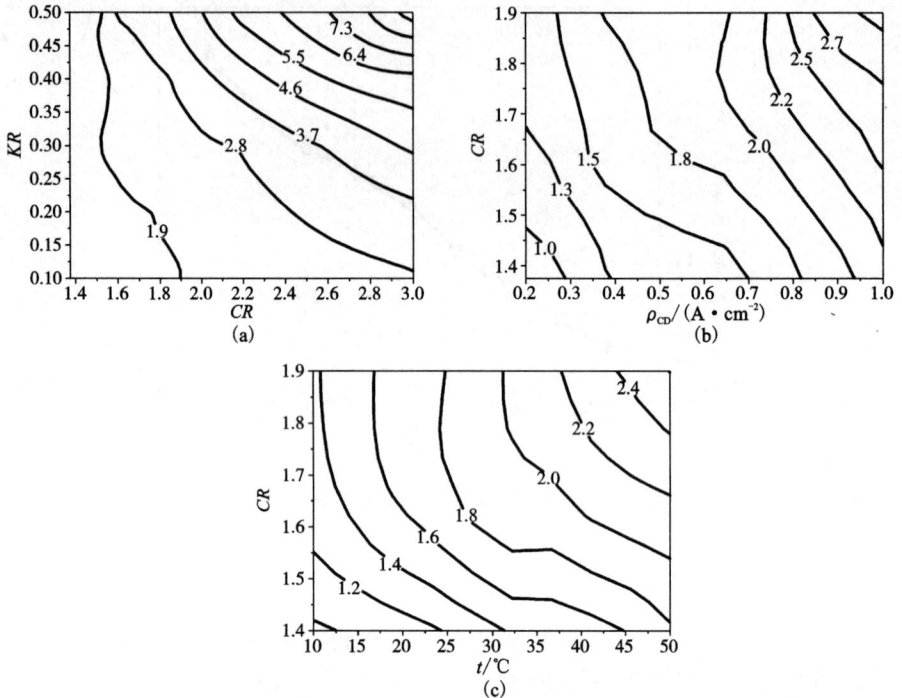

图 2 – 16 ［K₃AlF₆/Na₃AlF₆］– AlF₃ – Al₂O₃ 熔体中半石墨质阴极的等电解膨胀率图
(a)CR、KR 的影响；(b)ρ_{CD} 的影响；(c)t_S 的影响

为了考察不同电解质熔体及不同电解工艺条件下，半石墨质阴极的电解膨胀性能，寻找出一种或一系列含钾低温电解质熔体，使得半石墨质阴极在其中的电解膨胀率能够满足电解的要求，具有较长时间的使用寿命。然而文献调研表明，尽管阴极电解膨胀率的测试原理都是一样的，但 Rapoport 测试仪有多种，且所使用的电解质组成各不相同，各个研究者的实验结果都是基于不同装置及不同熔体组成得来的，并没有一个唯一可靠的半石墨质阴极电解膨胀率标准值可供参考，这给低温、低电解膨胀率电解质熔体的设计带来了困难。为了获得一定实验条件下的半石墨质阴极电解膨胀率的参考标准，选用三种基于钠冰晶石的电解质熔体（其中两种来源于实际工业应用的电解质熔体配方），测试半石墨质阴极在其中的电解膨胀率，以此作为参考，与新型含钾电解质熔体中半石墨质阴极的电解膨胀率进行对比，测试结果如表 2 – 12 所示。

表 2 - 12　钠冰晶石体系中半石墨质阴极的电解膨胀率

常规电解质体系	CR	电解温度/℃	电解膨胀率/%
山东铝业	2.5	953	1.18
云南铝业	2.35	950	1.14
常规体系	2.3	955	1.11

其中，山铝：LiF 1%，CaF_2 5.5%，MgF_2 2%，Al_2O_3 2.5%；云铝：LiF 1.8%，CaF_2 2.5%，MgF_2 4.5%，Al_2O_3 2%；常规体系：CaF_2 5%，Al_2O_3 3%。

从表 2 - 12 可以看出，在钠冰晶石体系中半石墨质阴极的电解膨胀率为 1.10% ~ 1.20%。因此，若含钾电解质熔体中，半石墨质阴极的电解膨胀率在此范围内或低于此范围时，这种电解质熔体在阴极电解膨胀率方面就能够满足现行工业应用的要求。

从图 2 - 16 所示的等电解膨胀率图中可以看出，通过调整含钾电解质熔体的组成和电解工艺，可以获得一系列熔体，半石墨质阴极在其中电解时，电解膨胀率能够满足要求，达到其在钠冰晶石体系中电解时所产生的膨胀值的水平。表 2 - 13 所示为根据等电解膨胀率图所设计的电解质熔体组成，t_L 和 t_S，希望从中获得满足电解膨胀率要求的电解质熔体组成及电解工艺参数。图 2 - 17 所示为实验结果。

从图 2 - 17 中可以看出，熔体 DA_6 所使用的电解温度与熔体 DB_6 相同，均为 930℃，但 DA_6 熔体中半石墨质阴极的电解膨胀率为 1.50%，大于 DB_6 中半石墨质阴极的电解膨胀率（1.24%）。随着 CR 和 t_S 的增加，阴极电解膨胀率呈增大趋势。对比 DA_6 和 DB_6，可以看出，熔体 DA_6 的 CR 低于 DB_6，而 DA_6 的 t_S 却大于 DB_6。结合实验结果可知，虽然 DA_6 和 DB_6 的电解温度相同，但 t_S 的差异导致了阴极电解膨胀率的差异，对于 DA_6 和 DB_6 而言，t_S 对阴极电解膨胀率的影响超过了 CR 的影响。对于电解温度相同的 DA_4 和 DB_2、DA_5 和 DB_4 而言，也表现出了类似的规律，见于图中，这里就不再赘述。

以半石墨质阴极在钠冰晶石熔体中电解膨胀率的测试结果为标准，可以看出，除了 DA_5、DA_6 和 DB_6 外，其余各电解质组分中，半石墨质阴极的电解膨胀率均低于 1.20%，达到了钠冰晶石熔体中半石墨质阴极电解膨胀率的水平，从电解膨胀性能的角度来看，能够满足工业应用的需要。

表 2 – 13 实验用电解质 CR、KR、t_L 和 t_S

编号	CR	KR	t_L	t_S
DA_1				10
DA_2				20
DA_3				30
DA_4	1.58	0.1	870	40
DA_5				50
DA_6				60
DB_1				5
DB_2				10
DB_3				15
DB_4	1.76	0.1	900	20
DB_5				25
DB_6				30

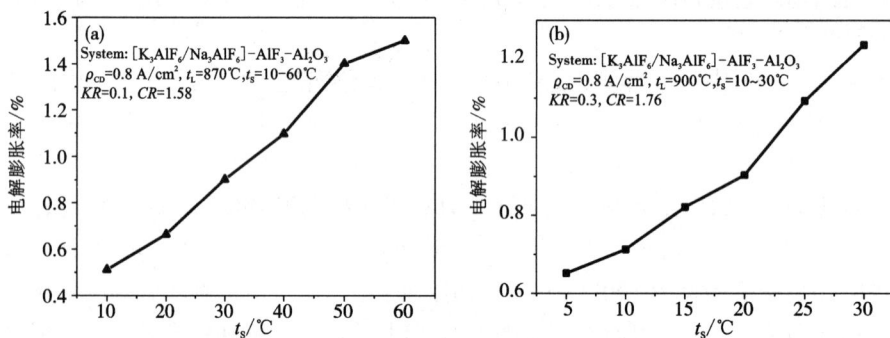

图 2 – 17 不同 t_S 条件下半石墨质阴极电解膨胀率

（a）$CR = 1.58$；（b）$CR = 1.76$

第 3 章　碱金属的析出及其在
阴极中的渗透迁移

3.1　引言

鉴于含钾($[K_3AlF_6/Na_3AlF_6] - AlF_3 - Al_2O_3$ 熔体)低温铝电解工艺研发过程中所暴露出的问题[25,40],迫切需要一种耐腐蚀性能优异的可润湿性铝电解阴极。以工业应用为目标的研究工作虽从宏观上探讨了半石墨质阴极的抗碱金属(K、Na)渗透能力,但并未涉及电解过程中碱金属插层化合物的形成机制及其对阴极影响的机理,这使得铝电解阴极性能的进一步优化遭遇瓶颈。为此,Liu Dong-ren 和 Adhoum 分别在 KF 和 NaF 熔体中研究了 K、Na 的插层过程及其所形成插层化合物的结构[98,99],探讨了 K、Na 插层进入石墨阴极的机理,并从微观上阐述了 K、Na 对阴极所产生破坏作用的机制。然而,单组分电解质熔体与复合电解质熔体差异较大,尤其对于含钾复合低温电解质体系而言,碱金属 K、Na 的析出及其渗透迁移行为将会有所不同。因此,有必要对含钾复合低温电解质熔体中 K、Na 的析出、插层及其对阴极的渗透迁移行为和 K、Na 对阴极影响的差异性进行研究。

3.2　电解质熔体中碱金属的析出

1. 氟化物熔体中碱金属(K、Na)的电极过程

在冰晶石熔体中,离子结构较为复杂,直接在其中进行电化学测试,所得结果不容易解析。因此,我们首先在较为简单的熔融氟化物熔体中进行电化学测试。在熔融氟化物熔体中,碱金属会发生两方面的作用,一方面,其会在熔体中发生溶解反应,生成相应的偏晶体。另一方面,由于所使用熔体的温度均高于碱金属 K、Na 的沸点,在测试过程中,碱金属会发生挥发。这两种现象均会对循环伏安的测试结果产生影响,导致测试结果与实际情况发生偏差。为了避免这种影响,循环伏安测试必须选择一个合适的扫描速率。通过文献调研[145,146],在进行循环伏安测试时,选择的扫描速率为 100 mV/s。

图 3-1 所示为以光谱纯石墨为工作电极,氟化物熔体中循环伏安的测试结果。可以看出,无论使用何种组成的电解质熔体,阴极过程的还原电流都很大,

这一方面是由于熔体中具有较高的碱金属离子活度；另一方面则是因为，实验所使用的工作电极为光谱纯石墨，在正向扫描的阴极过程中，碱金属一旦析出，便会立即被其所吸收，生成相应的插层化合物。这一点，从反向扫描的阳极过程来看更为明显。如图3-1(a)所示，阳极过程出现了一个明显的氧化峰，该氧化峰对应于石墨层间化合物的氧化反应。因为在扫描速率为100 mV/s的测试条件下，碱金属Na的氧化已被排除。石墨属于六方晶系，具有特殊的层状结构。层面内碳原子之间是强的σ键，具有极强的键合能，而层间的碳原子之间仅以微弱的范德华力相结合，因此，碱金属原子能轻易地突破层间结合力而插入石墨层间，形成石墨层间化合物。

图3-1(b)至图3-1(d)为在NaF-KF熔体中高纯石墨电极上循环伏安的测试结果，KF的添加量分别为：10 mol%、20 mol%和30 mol%。与图3-1(a)相比，可以看出，当熔体中加入KF后，阳极过程均增加了一个峰，并且随着KF添加量的增大，该峰的电流也逐渐增大，在排除了阳极过程碱金属的氧化之后，可以推断，其对应于C-K插层化合物的氧化反应。

与图3-1(a)所示阳极过程中C-Na插层化合物所对应的氧化峰相比，图3-1(b)和图3-1(d)所示阳极过程中C-K插层化合物所对应的氧化峰的位置向正的方向偏移了；此外还可以看到，就阴极过程而言，图3-1所示4幅图的结果较为类似。综合上述两方面的现象，可以看出，阴极过程中碱金属K与Na发生了共析出，并表现出了类似的插层所用。而阳极过程所表现出的现象则说明，与C-Na插层化合物相比，在反向扫描的阳极过程中，C-K插层化合物更难被氧化，K嵌入进石墨层间所形成的C-K插层化合物具有更高的稳定性，因此会对阴极产生更大的影响，这印证了宏观上阴极抗碱金属(K、Na)侵蚀性能的测试结果，即，与纯钠体系相比，含钾电解质体系对阴极的破坏力更强。

2. 冰晶石(K_3AlF_6/Na_3AlF_6)-Al_2O_3熔体中碱金属的电极过程

在上节测试结果的基础上，本节在更接近于工业实际的冰晶石(K_3AlF_6/Na_3AlF_6)-Al_2O_3熔体中进行循环伏安测试。图3-2所示为以光谱纯石墨为工作电极所进行的循环伏安测试结果。

从图3-2(a)中可以看出，在正向扫描的阴极过程中从$E=-1.4$ V开始出现一个明显的阴极峰。测试中所使用的电解质熔体为Na_3AlF_6-Al_2O_3，且Na的析出电势比Al低250 mV，因而图3-2(a)中正向扫描的阴极过程中所出现的阴极峰主要为析出铝的反应，正好与反向扫描时所出现的阳极峰所对应。同时又可以看出，Na与Al的析出电势相差不大，在阴极极化条件下，Na与Al便可能发生共沉积。然而这一点在图3-2(a)中却没有表现出来，这主要是因为，在Na_3AlF_6-Al_2O_3熔体中，阴极和阳极过程主要为铝的析出与氧化，其所对应的阴极电流和

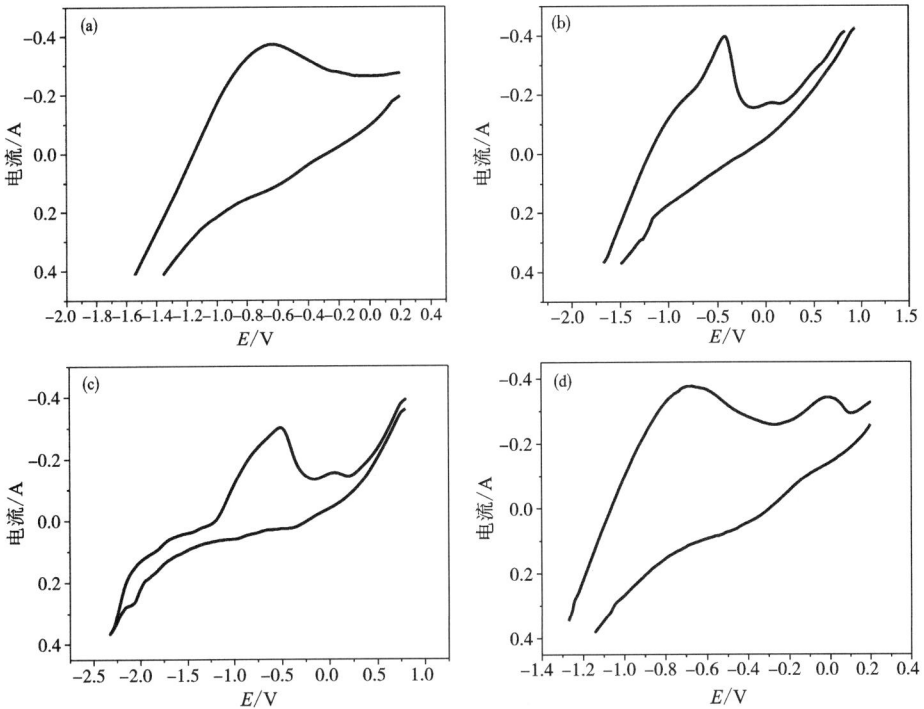

图 3 - 1 氟化物熔体中高纯石墨电极上的循环伏安曲线

(a)NaF；(b)NaF - 10 mol% KF；(c)NaF - 20 mol% KF；(d)NaF - 30 mol% KF

阳极电流都比较大，Na 及其插层化合物所对应的氧化还原峰便会被铝的氧化还原峰所掩盖，导致图 3 -2(a)中并没有出现 C - Na 插层化合物的氧化峰及钠的还原峰。从图 3 -2(b)中可以看出，阴极过程从 $E = -1.5$ V 开始出现一个明显的还原峰。考虑到所使用电解质的组成，可以推断，阴极过程主要为 Al、K 和 Na 的共析出。在反向扫描的阳极过程中，出现了两个氧化峰，与图 3 -2(a)相比，结合氟化物体系中循环伏安的测试结果，可以推断，在 $E = -0.7$ V 处所出现的阳极峰与 C - K 插层化合物的氧化对应，进一步证实，C - Na 插层化合物所对应的氧化峰之所以没有出现，主要是因为其被 Al 的氧化峰掩盖。在冰晶石 - 氧化铝熔体中，Na 的析出电势比铝低 250 mV，而 K 的析出电势又比 Na 低 140 mV，图 3 -2(b)所示氧化过程中 C - K 插层化合物所对应的氧化峰的出现说明在阴极过程中，一定存在 K 的析出，而 Na 的析出电势处在 Al 和 K 之间，因此，循环伏安测试过程中，也必然存在 Na 的析出及其所对应 C - Na 插层化合物的氧化。此外，还可以看出，与 Al 及 C - Na 插层化合物所对应的氧化峰相比，C - K 插层化合物所对应氧化峰的位置较正，说明虽然 Al、K、Na 在阴极过程中发生共沉积，

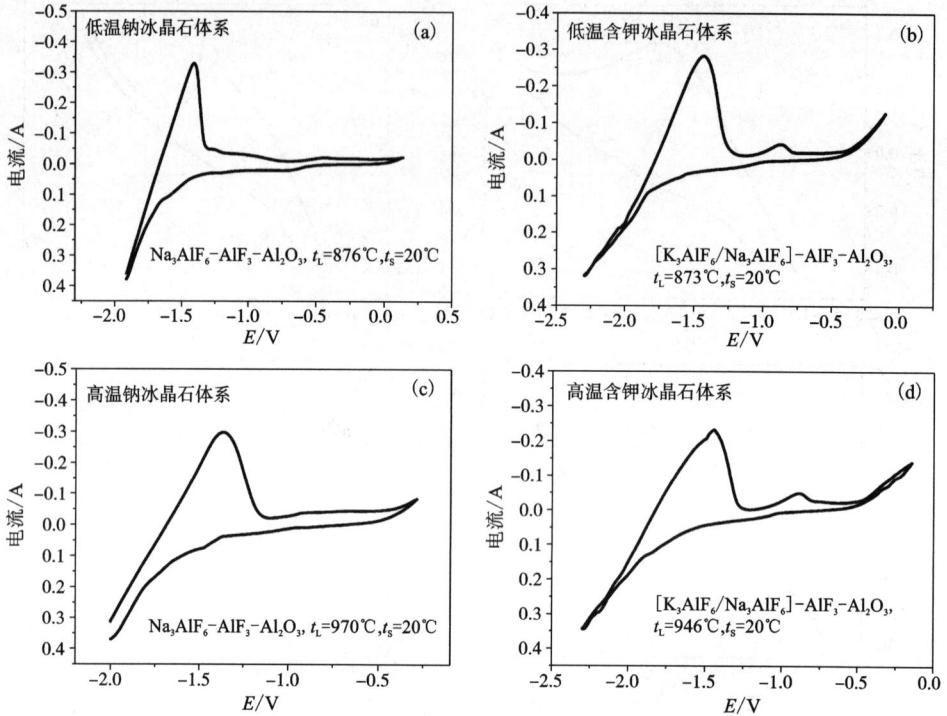

图 3 - 2   冰晶石基熔体中高纯石墨电极上的循环伏安曲线

(a)N_L；(b)NK_L；(c)N_H；(d)NK_H

但 C - K 插层化合物的稳定性更高，插入石墨层间形成插层化合物的 K 难以遭到氧化，导致相同条件下渗透进入阴极的 K 与 C 反应所生成的 C - K 插层化合物会对阴极产生更大的影响，引起阴极更大的电解膨胀率和腐蚀。这与氟化物体系中的测试结果相一致。图 3 - 2(c) 和图 3 - 2(d) 分别表现出了与图 3 - 2(a) 和图 3 - 2(b) 相似的测试结果。从图 3 - 2(c) 中可以看出，在正向扫描的阴极过程中，同样从 $E = -1.4$ V 开始出现了明显的 Al、Na 共析出阴极峰。而在反向扫描的氧化过程中，由于铝所对应的氧化电流较大，C - Na 插层化合物所对应的氧化峰同样被掩盖。而图 3 - 2(d) 中，正向扫描时所出现的还原峰对应着 Al、K、Na 的共析出；反向扫描过程中，$E = -0.8$ V 处所出现的氧化峰一方面证明了阴极过程中一定存在 K、Na 的析出及其所对应插层化合物的形成，另一方面还印证了 C - K 插层化合物具有更高的稳定性，插入石墨层间形成插层化合物的 K 难以遭到氧化，其对阴极的破坏力更强。

3.3　碱金属在阴极中的渗透迁移行为

1.不同黏结剂基 TiB_2 – C 复合阴极中碱金属的渗透迁移行为

图 3 – 3 至图 3 – 6 分别为不同电解时间条件下，沥青、呋喃、酚醛、环氧基 TiB_2 – C 复合阴极在含钾低温电解质熔体中电解后，阴极剖面元素线扫描结果。图中灰黑色斑点区域为碳质骨料颗粒，其余部分为 TiB_2 和黏结剂的混合区域。之所以将碳质骨料的粒度控制在 50 ~ 150 目，就是为了便于考察电解之后碱金属对阴极中不同组分的渗透情况。

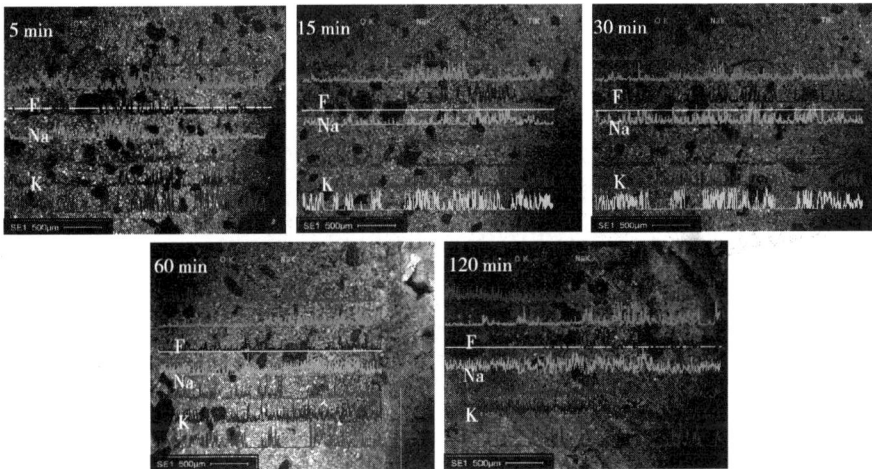

图 3 – 3　沥青基 TiB_2 – C 复合阴极电解后剖面元素线扫描

从图 3 – 3 中可以看到，电解 5 min 之后，元素 F、K、Na 均渗透进入阴极中 TiB_2 和黏结剂的混合区域，但碳质骨料中几乎没有任何元素的渗入。从图 3 – 7 可以看出，电解后，TiB_2 颗粒中并无任何渗透，因此，电解 5 min 后，渗入 TiB_2 和黏结剂混合区域的元素 F、K、Na 均存在于黏结剂结焦碳和热解过程中所形成的孔隙中。电解进行 15 min 之后，除了黏结剂中渗入了元素 F、K、Na 之外，碳质骨料颗粒中也渗入了少量的元素 K、Na，但其中仍然没有元素 F 的渗入。元素 F、K、Na 没有同时渗透进入碳质骨料中，说明碳质骨料中所渗入的元素 K、Na 是以碱金属形式渗透进入其中并形成插层化合物[C_xM(K/Na)]的。当电解时间延长至 30 min 和 60 min 之后，这种现象显得更为明显。最终，在电解 120 min 后，可以清楚地看到，无论是碳质骨料还是 TiB_2 与黏结剂的混合区域中均渗入了元素

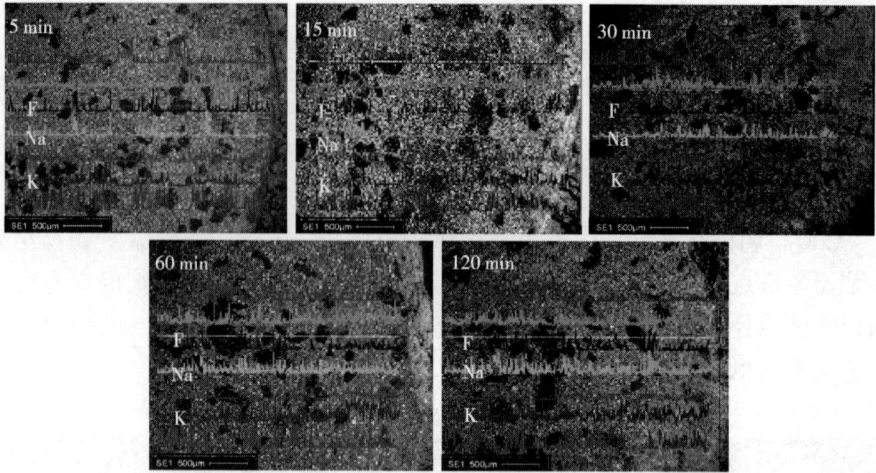

图 3 – 4 呋喃基 TiB_2 – C 复合阴极电解后剖面元素线扫描

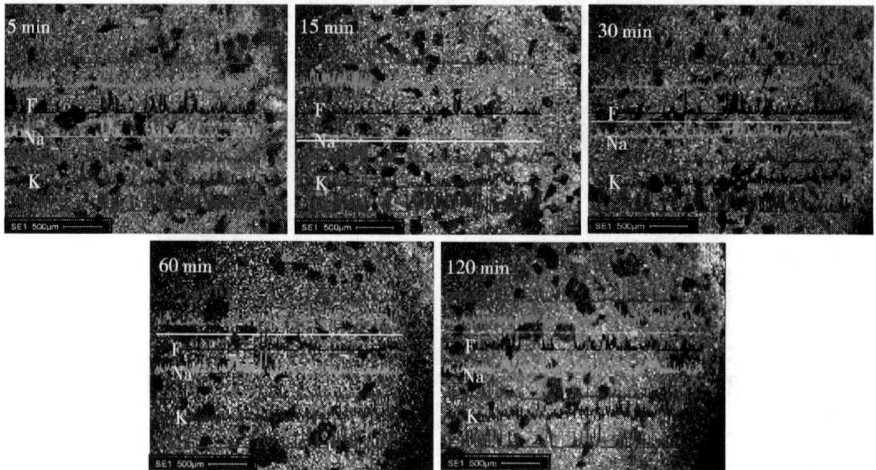

图 3 – 5 酚醛基 TiB_2 – C 复合阴极电解后剖面元素线扫描

K、Na，但渗透进入碳质骨料当中的元素 F 仍然很少，进一步说明，元素 K、Na 是以碱金属的形式渗入碳质骨料，形成相应插层化合物并引起阴极的电解膨胀，这一点从图 3 – 8 中可以得到证实。图 3 – 4 至图 3 – 6 所示的结果与图 3 – 3 类似，碱金属首先随电解质一同渗透进入阴极的孔隙当中，随后又逐渐渗透进入黏结剂结焦碳中，随着电解的进行，最终渗透进入阴极碳质骨料颗粒中，碱金属 K、Na 不会渗透进入 TiB_2 颗粒中。同时，随着碱金属的不断渗入，阴极电解膨胀率不断增大，并在阴极中碱金属的浓度达到饱和后平衡。

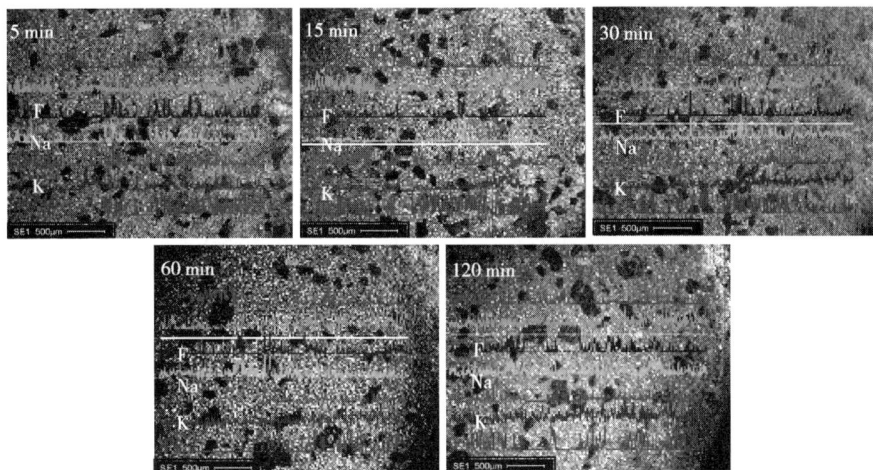

图 3 - 6 环氧基 TiB_2 - C 复合阴极电解后剖面元素线扫描

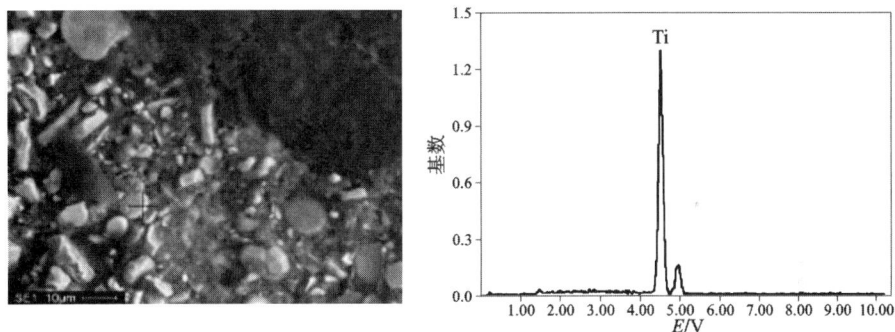

图 3 - 7 电解后复合阴极中 TiB_2 的 EDS 分析

图 3 - 8 所示为不同电解时间条件下，不同黏结剂基 TiB_2 - C 复合阴极在含钾低温电解质熔体中的电解膨胀率曲线。可以看出，无论使用何种黏结剂，在电解时间仅为 5 min 时，TiB_2 - C 复合阴极便发生了膨胀，此时，在复合阴极的碳质骨料中并没有检测出元素 K 和 Na，而在黏结剂相中则检测出了元素 K、Na。因而可以断定，渗透进入黏结剂相的元素 K、Na，必定有一部分是以碱金属的形式渗入，与碳反应生成相应插层化合物并最终导致阴极膨胀的，这时的膨胀是由碱金属 K、Na 插层进入黏结剂结焦碳当中引起的。随着电解时间的延长，碱金属 K、Na 逐渐渗透进入复合阴极的碳质骨料当中，此时，阴极的膨胀便主要由黏结焦和碳质骨料所共同引起。此外，从图中还可以看出，电解两小时后，沥青、呋喃、酚

醛、环氧基 TiB_2 – C 复合阴极的电解膨胀率分别为：1.35%，1.09%，0.85% 和 0.92%。树脂基 TiB_2 – C 复合阴极表现出了较小的电解膨胀率。

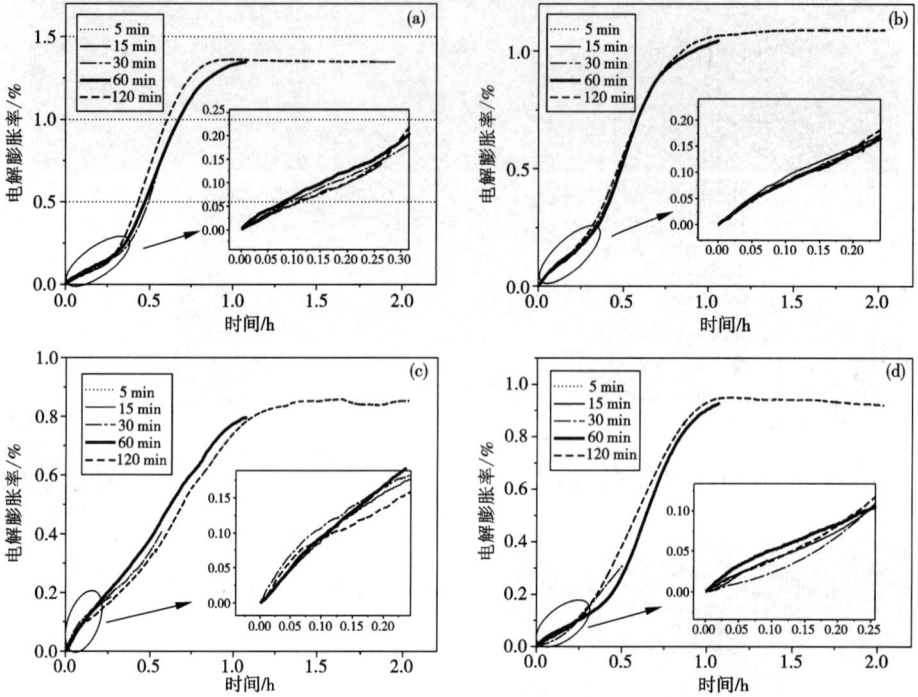

图 3 – 8　不同黏结剂 TiB_2 – C 复合阴极电解膨胀率

(a)沥青；(b)呋喃；(c)酚醛；(d)环氧

TiB_2 – C 复合阴极中碱金属的渗透迁移过程可以被看做是一个扩散过程，其所渗入的碱金属的量与阴极电解膨胀率成正比，根据 Zolochevsky 等人[147]所提出的模型，可以计算出电解过程中碱金属在阴极中的扩散系数。表 3 – 1 所示为不同黏结剂基 TiB_2 – C 复合阴极中碱金属的扩散系数。

表 3 – 1　不同黏结剂基 TiB_2 – C 复合阴极中碱金属的扩散系数及相关参数

试样	$t_{1/2}$/min	$r_{1/2}$/mm	$D/(\text{cm}^2 \cdot \text{s}^{-1})$
沥青	22.03	10	2.86×10^{-5}
呋喃	23	10	2.74×10^{-5}
酚醛	28.17	10	2.24×10^{-5}
环氧	25	10	2.52×10^{-5}

　　总的来说，碱金属在沥青基 TiB_2 – C 复合阴极中的扩散系数最大，为 $2.86 \times 10^{-5} cm^2/s$；而在树脂基 TiB_2 – C 复合阴极中的扩散系数较小，其中，酚醛基 TiB_2 – C 复合阴极中的扩散系数最小，为 $2.24 \times 10^{-5} cm^2/s$。树脂碳化后，多为三维立体交联结构，而沥青碳化后出现乱层石墨结构，这便导致电解过程中，碱金属在沥青基 TiB_2 – C 复合阴极中具有较高的扩散系数，而在树脂基 TiB_2 – C 复合阴极中的扩散系数较小。碱金属在阴极中扩散系数的高低与阴极耐腐蚀性能的优劣相关。当碱金属在阴极中的扩散系数较大时，其对阴极的破坏力也较大，阴极将遭到较为严重的侵蚀。而碱金属在阴极中的扩散系数较小时，其对阴极的破坏力较小，阴极所遭受的侵蚀也较弱。

　　图 3 – 9 到图 3 – 12 为不同电解时间条件下，不同黏结剂基 TiB_2 – C 复合阴极在含钾低温电解质熔体中电解后，阴极剖面元素面扫描结果。与图 3 – 3 到图 3 – 6 类似，BSE 图中的灰黑色区域为碳质骨料颗粒，其余部分为 TiB_2 和黏结剂的混合区域。从图 3 – 9 中可以看出，当电解进行 15 min 之后，元素 F、K、Na 均渗透进入了阴极中 TiB_2 和黏结剂的混合区域，也即渗入了阴极的黏结剂相中；而对于阴极的碳质骨料而言，仅有少量 K、Na 的渗入，且并没有元素 F 的渗入。随着电解时间的延长，渗入碳质骨料当中元素 K、Na 的含量逐渐提高，但元素 F 仍无明显渗入。这说明元素 K、Na 是以碱金属的形式渗透进入碳质骨料当中并形成了相应的插层化合物。因为如果这部分 K、Na 是由电解质带入的，在元素面扫描分析结果中，其应该与 F 在同一区域出现。从图 3 – 10 到图 3 – 12 可以看到，元素 F、K、Na 对阴极的渗透表现出了与图 3 – 9 类似的规律。当电解进行 15 min 后，阴极黏结剂相中便有 F、K、Na 的渗入，但碳质骨料中，除了少量 K、Na 的渗入外，几乎没有 F 元素的渗入。随着电解时间的不断延长，即使在电解 120 min 后，阴极碳质骨料中仍仅有元素 K、Na 的渗入而并无明显的元素 F 的渗入。

　　此外，从图 3 – 9(c)：Ⅲ 和图 3 – 9(c)：Ⅳ 中还可以看到，电解 120 min 后，受 K、Na 所对应插层化合物阶数不同的影响，K 对阴极的渗透明显大于 Na，同时也可以看到，K 或 Na 对阴极不同区域的渗透几乎没有差别，说明沥青基 TiB_2 – C 复合阴极的抗碱金属渗透能力较差，这一点在与图 3 – 10(c)、图 3 – 11(c) 和图 3 – 12(c) 进行比较后，表现得更为明显。从图 3 – 10(c) 中可以看到，无论是 K 还是 Na，对复合阴极中不同区域的渗透是有差别的。可以看到，黏结剂相中 K、Na 的渗入量明显高于骨料相中 K、Na 的渗入量，与图 3 – 9(c) 相比，说明呋喃基 TiB_2 – C 复合阴极的抗碱金属渗透能力优于沥青基 TiB_2 – C 复合阴极。这主要是因为，当 K、Na 对阴极中不同区域的渗透没有差别时，说明 K、Na 在对阴极的渗透过程中并没有遭遇阻碍，或所遭遇的阻碍较小；而当 K、Na 对阴极的渗透存在差别时，说明 K、Na 在对阴极的渗透过程中遭遇了阻碍，具体地说，就是受到了相应黏结剂结焦碳的阻碍，体现在测试结果中，便表现为黏结剂结焦碳当中 K、

Na 的渗入量高于碳质骨料当中 K、Na 的渗入量。图 3 – 11(c) 和图 3 – 12(c) 所表现出的结果与图 3 – 10(c) 相似，说明树脂黏结剂具有比沥青更强的抗碱金属渗透能力。

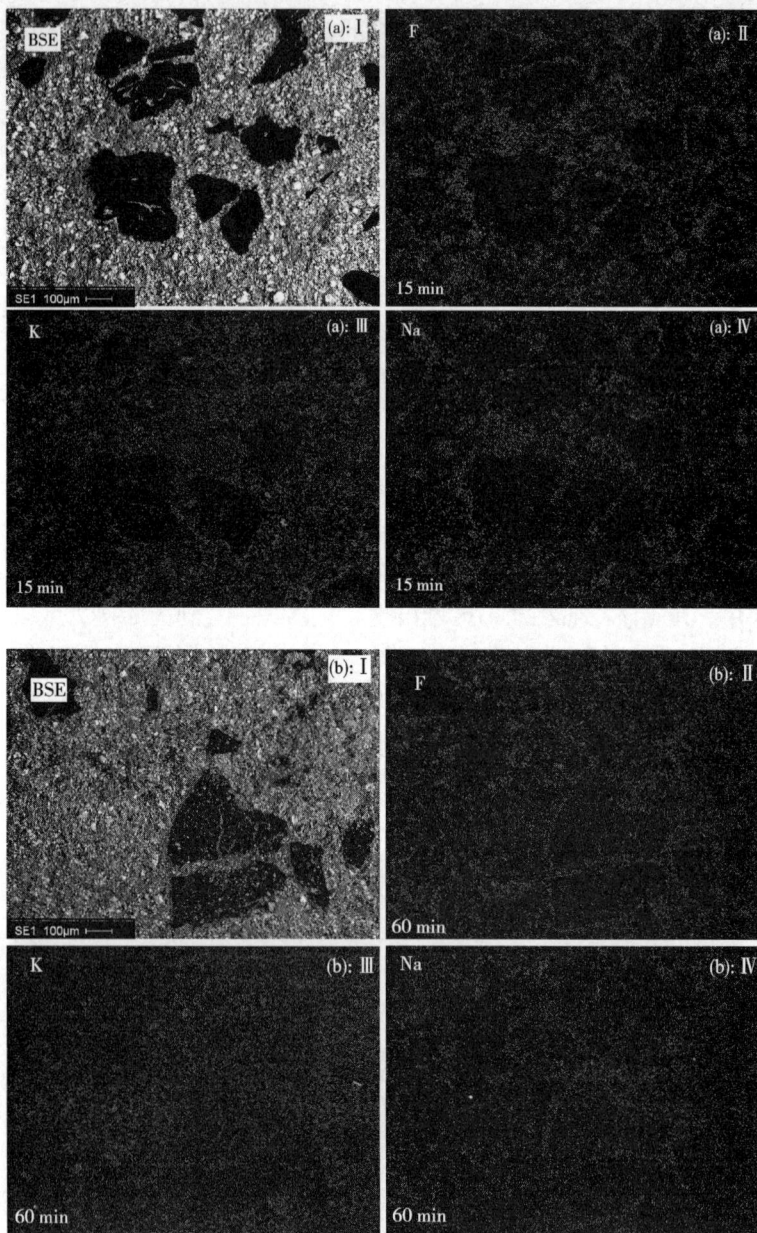

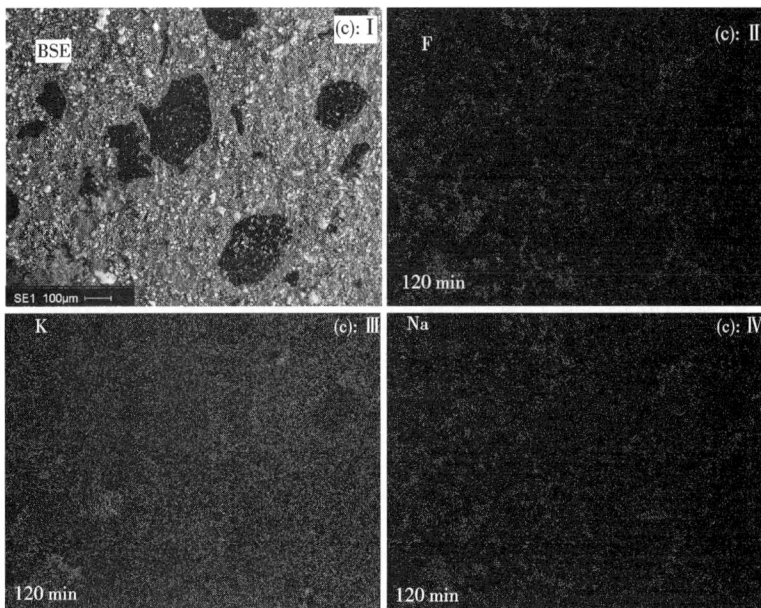

图 3 - 9　不同电解时间条件下沥青基 TiB₂ - C 复合阴极电解后剖面元素面扫描

（a）15 min；（b）60 min；（c）120 min

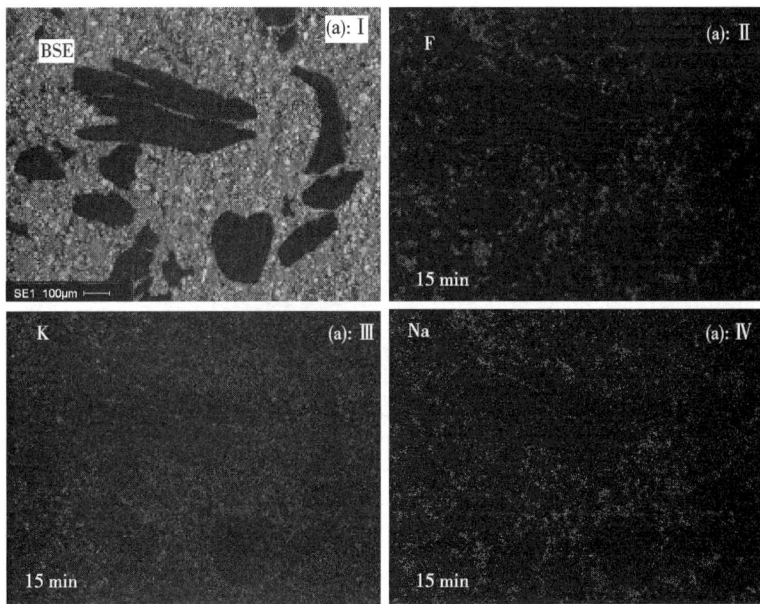

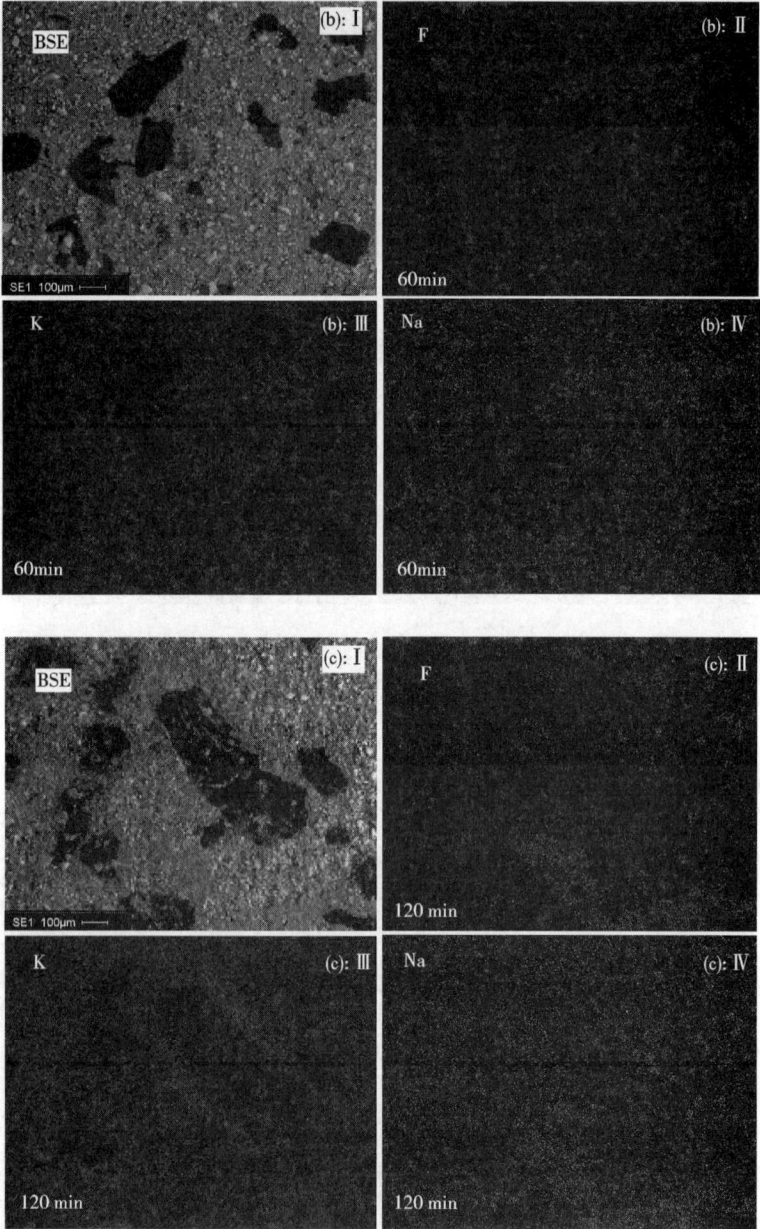

图 3 - 10　不同电解时间条件下呋喃基 TiB$_2$ - C 复合阴极电解后剖面元素面扫描

(a)15 min；(b)60 min；(c)120 min

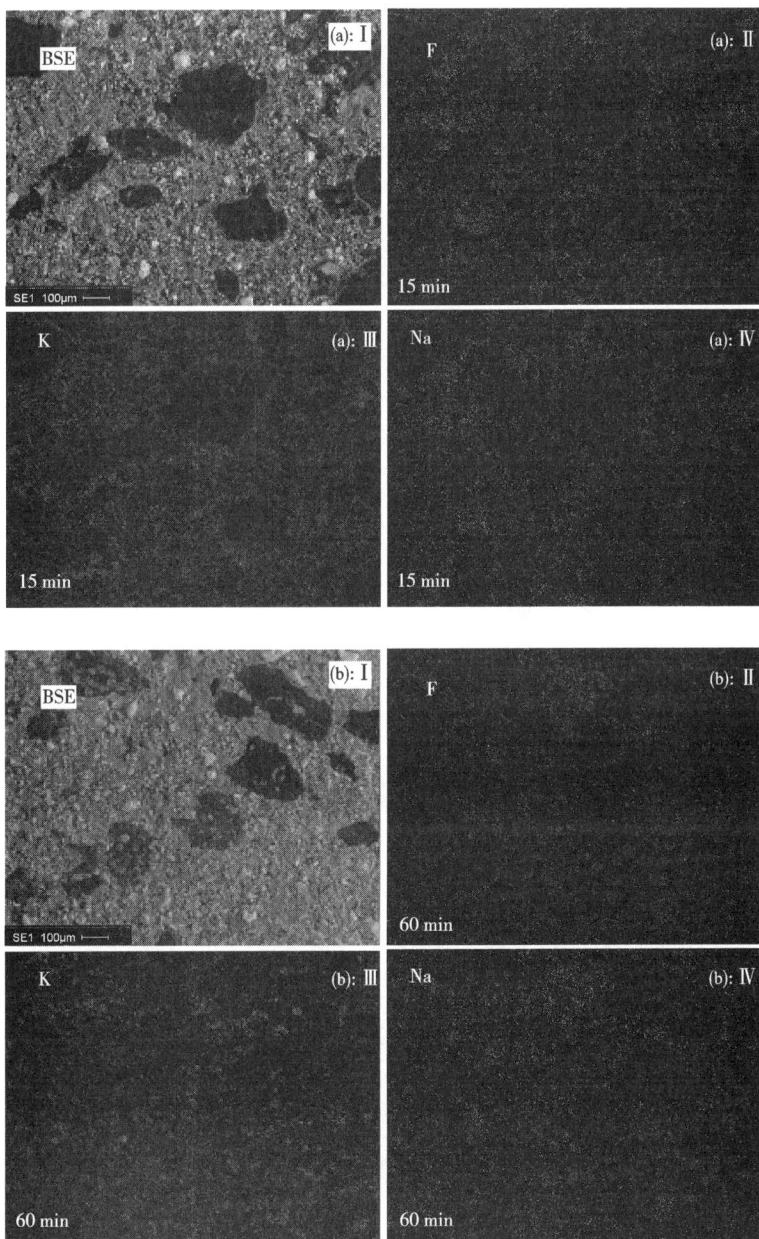

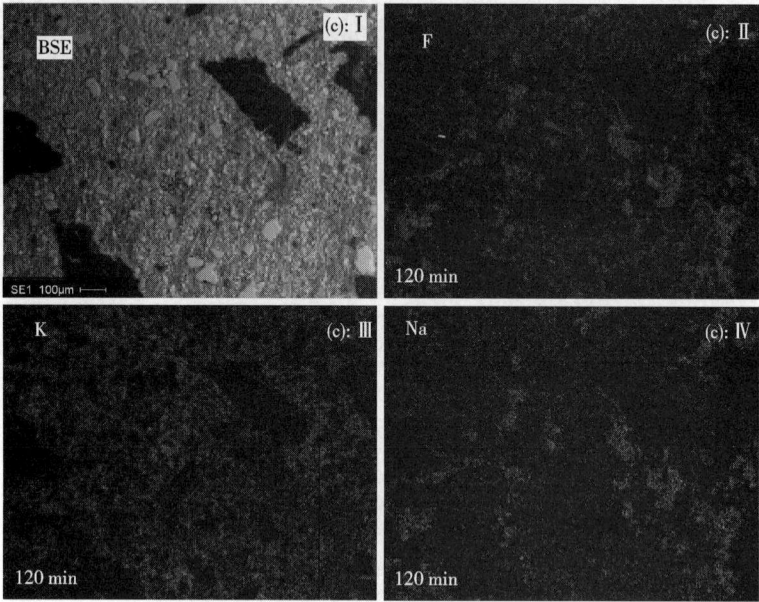

图 3 – 11　不同电解时间条件下酚醛基 TiB_2 – C 复合阴极电解后剖面元素面扫描

（a）15 min；（b）60 min；（c）120 min

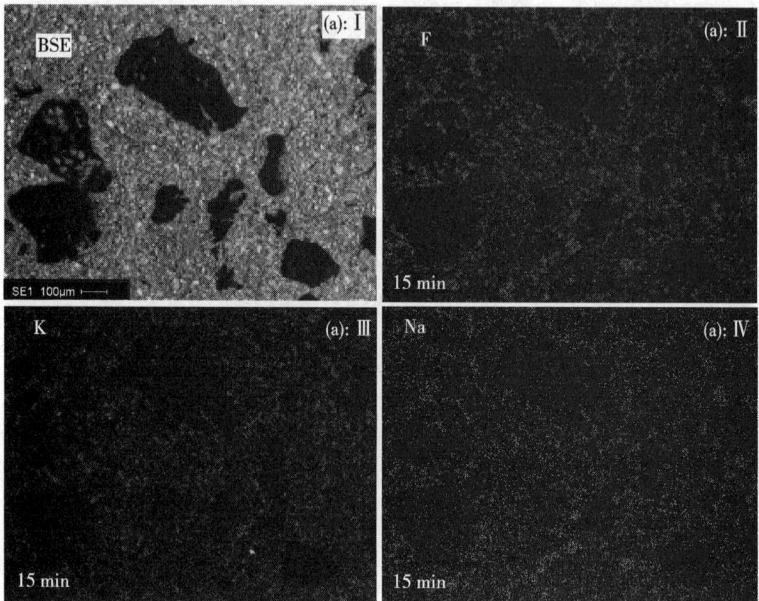

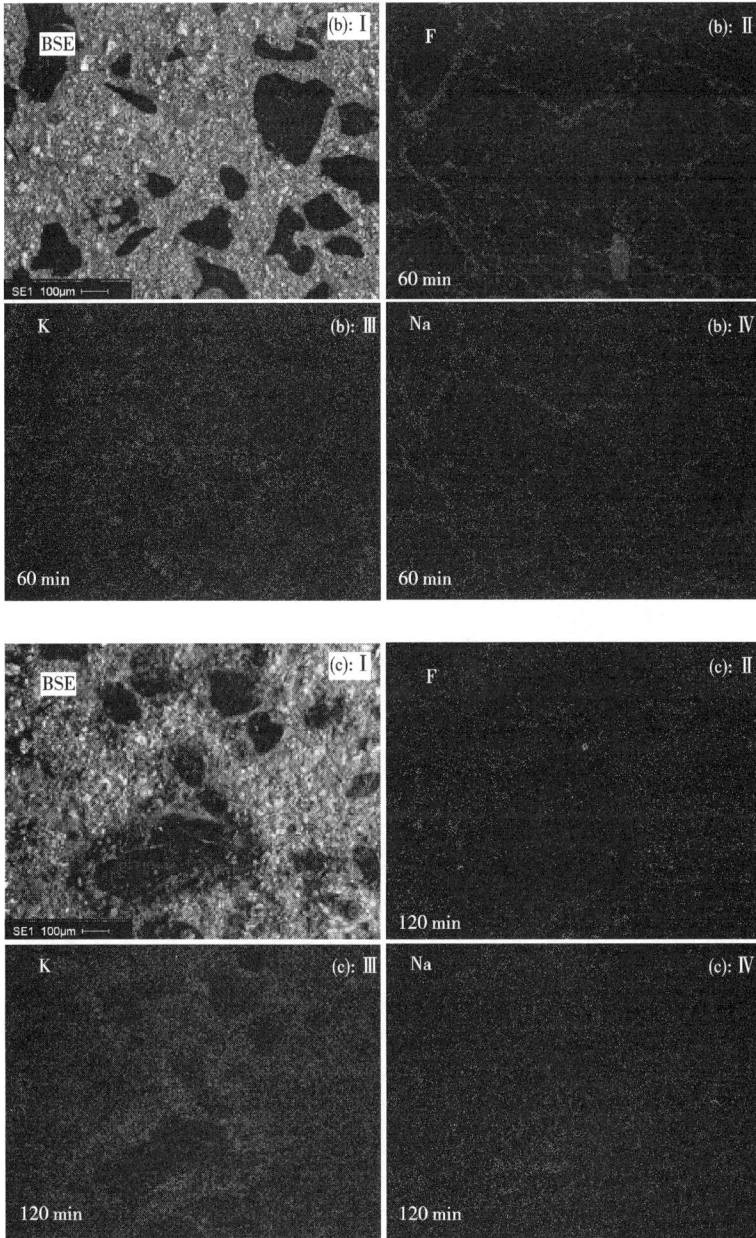

图 3 – 12　不同电解时间条件下环氧基 TiB_2 – C 复合阴极电解后剖面元素面扫描

（a）15 min；（b）60 min；（c）120 min

2. 不同电解质熔体中碱金属在 TiB_2 – C 复合阴极中的渗透迁移行为

图 3 – 13 到图 3 – 16 分别为不同电解时间条件下，沥青基 TiB_2 – C 复合阴极在不同电解质熔体中电解后，阴极剖面元素线扫描结果。与图 3 – 9 到图 3 – 12 类似，图中灰黑色斑点区域为碳质骨料颗粒，其余部分为 TiB_2 和黏结剂的混合区域。

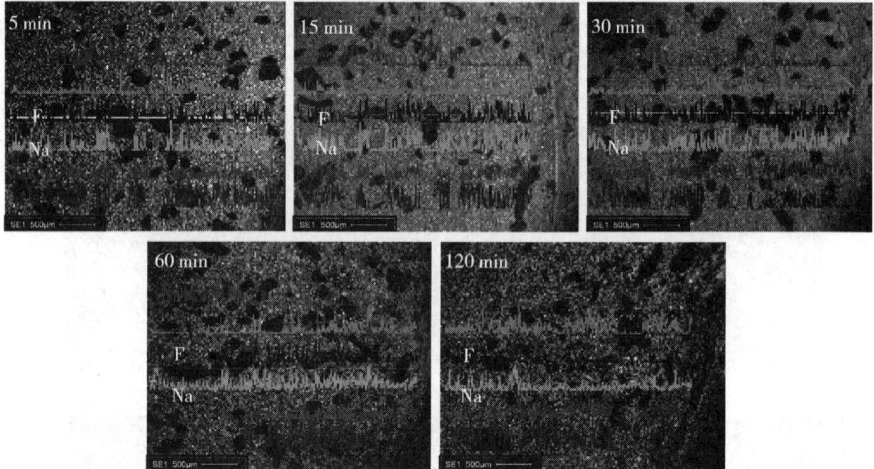

图 3 – 13 不同电解时间条件下，阴极在 N_L 熔体中电解后剖面的元素线扫描

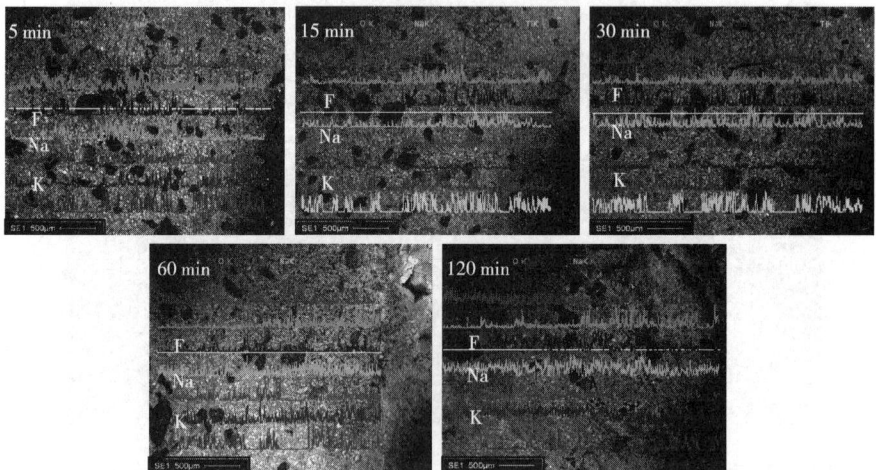

图 3 – 14 不同电解时间条件下，阴极在 NK_L 熔体中电解后剖面的元素线扫描

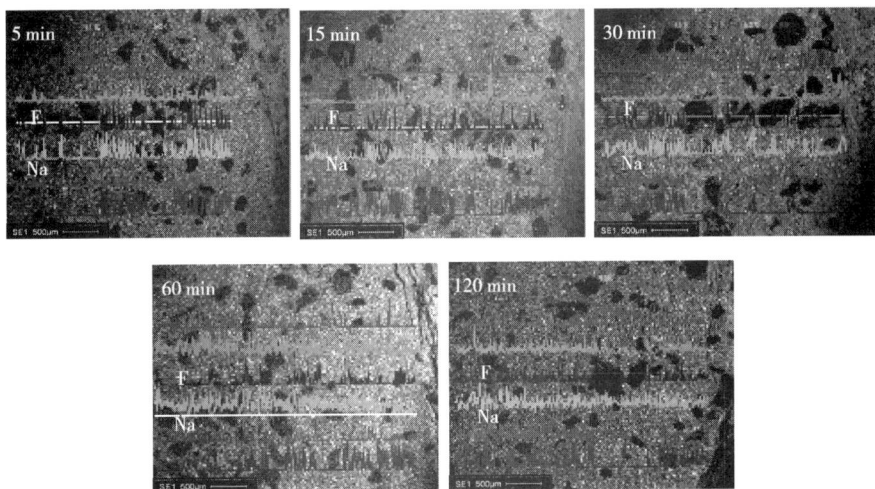

图 3 – 15 不同电解时间条件下，阴极在 N_H 熔体中电解后剖面的元素线扫描

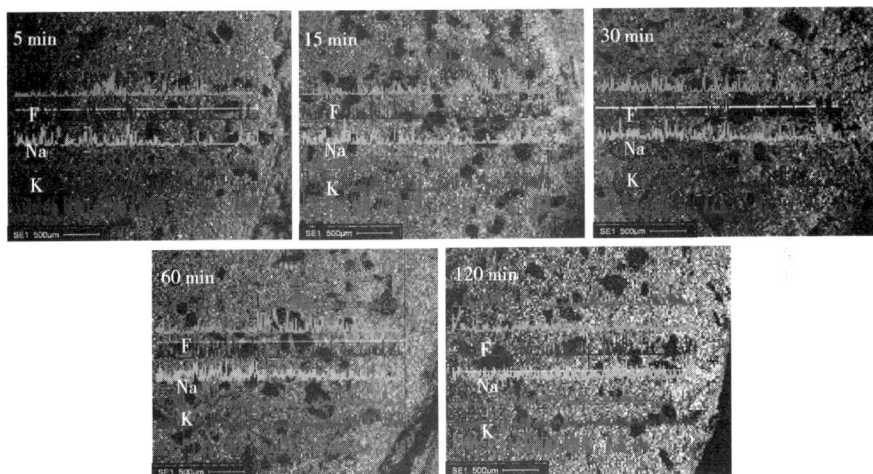

图 3 – 16 不同电解时间条件下，阴极在 NK_H 熔体中电解后剖面的元素线扫描

　　从图 3 – 13 中可以看出，电解 5 min 之后，元素 F 和 Na 均渗透进入阴极中 TiB_2 和黏结剂的混合区域，但碳质骨料中几乎没有任何元素的渗入。从本书 3.3 – 1 节中所述可知，TiB_2 颗粒中并无任何渗透，因此，电解 5 min 后，渗入 TiB_2 和黏结剂混合区域的元素 F 和 Na 均存在于黏结剂结焦碳和热解过程中所形成的孔隙中。当电解进行 15 min 之后，除了黏结剂中渗入了元素 F 和 Na 之外，碳质

骨料颗粒中也渗入了少量的元素 Na，但其中仍然没有元素 F 的渗入。元素 Na 和 F 没有同时渗透进入碳质骨料中，说明碳质骨料中所渗入的元素 Na 以碱金属形式渗透进入其中并形成了 C－Na 插层化合物。当电解时间延长至 30 min 和 60 min 之后，这种现象显得更为明显。最终，当电解 120 min 后，可以清楚地看到，无论是碳质骨料还是 TiB$_2$ 与黏结剂的混合区域中均渗入了元素 Na，但渗透进入碳质骨料当中的元素 F 仍然很少，进一步说明，元素 Na 以碱金属的形式渗入碳质骨料中并形成了相应的 C－Na 插层化合物，最终引起阴极的电解膨胀，这一点从图 3－18 中可以得到证实。图 3－14 到图 3－16 所示的碱金属渗透迁移规律与图 3－13 类似，这里就不再赘述。

图 3－18 为不同电解时间条件下沥青基 TiB$_2$－C 复合阴极在不同电解质熔体中的电解膨胀率曲线。从图示数据可以看出，电解 2 h 后，N$_L$ 熔体、NK$_L$ 熔体、N$_H$ 熔体和 NK$_H$ 中阴极的电解膨胀率分别为 0.66%、1.35%、1.02% 和 1.81%。NK$_L$ 熔体中阴极电解膨胀率的测试结果为 N$_L$ 熔体中测试结果的 2.83 倍，而 NK$_H$ 熔体中阴极的电解膨胀率为 NK$_L$ 熔体中阴极电解膨胀率的 2.34 倍，再次印证钾冰晶石的添加会引起阴极更大的电解膨胀率。同时，分别对比 N$_H$ 和 N$_L$ 熔体以及 NK$_H$ 和 NK$_L$ 熔体中阴极的电解膨胀率，可以看到，N$_H$ 中的测试结果是 N$_L$ 的 1.55 倍，而 NK$_H$ 中的测试结果是 NK$_L$ 的 1.28 倍。说明无论含钾与否，高温条件下，阴极的电解膨胀率均比低温条件下高，原因如本书 2.6 节所述。此外，含钾条件下，高温所引起阴极电解膨胀率的升高幅度与不含钾的条件下相比，有所降低。这主要是因为对于一定的阴极而言，在发生膨胀时，均有一个极限值，超过此值，阴极便会发生灾难式破损，测试也无法继续进行，如图 3－17 所示。在含钾熔体中进行电解时，由于钾的作用，阴极发生的膨胀较大，此时，若进一步升高温度，受阴极膨胀极限值的影响，其增幅相对较小。而对于不含钾的熔体来说，低温时，阴极电解膨胀率相对较小，因此，升高温度，阴极电解膨胀率的增幅便较大。

从图 3－18 中还可以看到，不同电解质熔体中所测得的阴极电解膨胀率均表现出了一个共同的现象。即，在电解时间仅为 5 min 时，阴极便发生了膨胀，随着电解时间的不断延长，膨胀量逐渐增大，结合图 3－13 至图 3－16，可以推断，阴极的电解膨胀率是由黏结剂结焦碳和碳质骨料的膨胀共同引起的。因为图 3－13 至图 3－16 的结果均显示，在电解时间为 5 min 的条件下，阴极碳质骨料中几乎没有元素 K、Na 的渗透，而在黏结剂相中，则检测出有元素 K、Na 的渗入。这部分 K、Na 中，必然有一部分是以碱金属的形式渗入并与碳作用生成相应的插层化合物并引起阴极的膨胀，否则，电解 5 min 时，阴极便不会发生膨胀。

表 3－2 所示为不同电解质熔体中，TiB$_2$－C 复合阴极中碱金属的扩散系数。在 N$_L$ 和 NK$_L$ 熔体中，碱金属的扩散系数分别为 2.82×10^{-5} cm^2/s 和 2.86×10^{-5} cm^2/s，相差不大，但均比 N$_H$ 和 NK$_H$ 熔体中碱金属的扩散系数小；同时对比 N$_H$

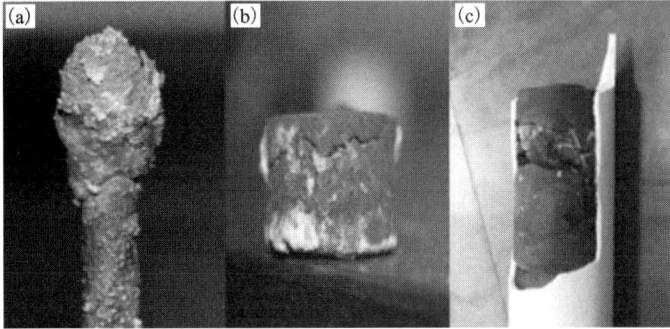

图 3 - 17　极限条件下电解后阴极外观

(a)钢棒端部；(b)阴极表面；(c)破损的坩埚

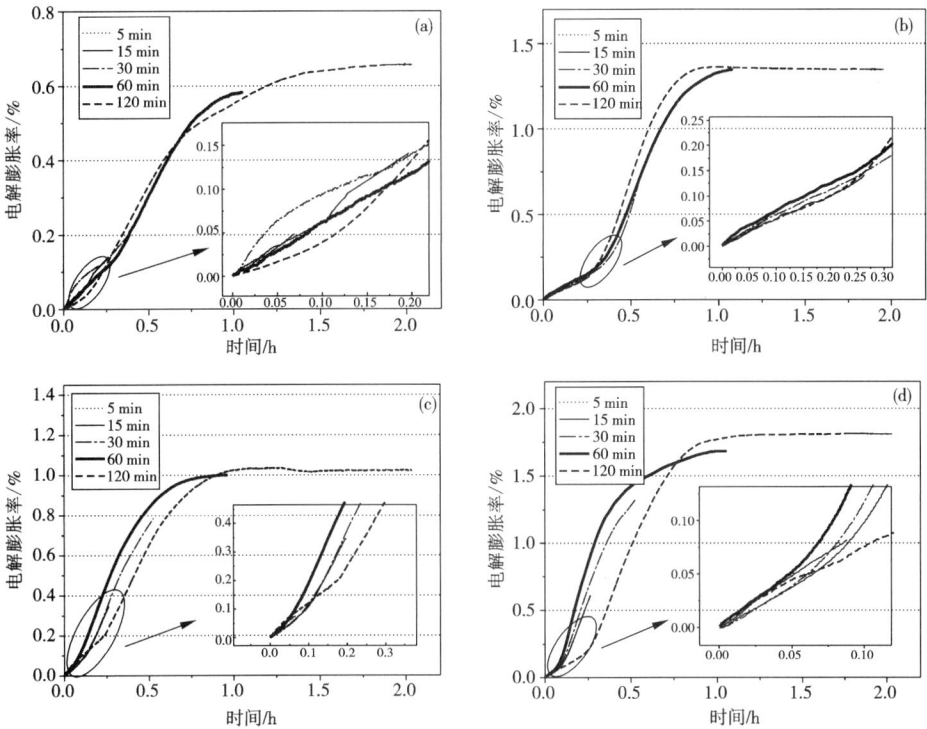

图 3 - 18　不同电解质熔体中 TiB$_2$ - C 复合阴极的电解膨胀率

(a)N$_L$；(b)NK$_L$；(c)N$_H$；(d)NK$_H$

和 NK_H 熔体，可以看出，N_H 熔体中碱金属的扩散系数又高于 NK_H 熔体。这表明，碱金属在阴极中的扩散系数与电解质熔体的组成无关，仅受电解温度的影响。此外，在将表 3-2 所列出的电解质熔体分为含钾和不含钾两类后，可以看出，同一类电解质熔体中，温度越高，碱金属在阴极中的扩散系数便越高，结合电解膨胀率的测试结果可知，高温将会引起更为严重的阴极腐蚀。

表 3-2　不同电解质熔体中碱金属的扩散系数及相关参数

电解质组成	电解温度/℃	t/min	r/mm	D/($cm^2 \cdot s^{-1}$)
N_L	896	22.33	10	2.82×10^{-5}
NK_L	893	22.03	10	2.86×10^{-5}
N_H	990	18.85	10	3.34×10^{-5}
NK_H	966	21.40	10	2.94×10^{-5}

图 3-19 至图 3-22 分别为不同电解时间条件下，沥青基 TiB_2-C 复合阴极在不同电解质熔体中电解后，阴极剖面元素面扫描结果。从中可以看到一个共同现象，当电解进行 15 min 之后，元素 F、K、Na 均渗入阴极中 TiB_2 和黏结剂的混合区域，也即渗入了阴极的黏结剂相中；而对于阴极的碳质骨料而言，仅有少量 K、Na 的渗入，元素 F 几乎没有渗入。随着电解时间的延长，渗透进入阴极碳质骨料当中的 K、Na 的量逐渐增大，而元素 F 仍无明显渗入。这说明渗入碳质骨料当中的 K、Na 是以插层化合物的形态存在，因为如果这部分 K、Na 是由电解质带入的，在面分析结果中，其应该与 F 在同一区域出现。

此外，对比图 3-19 到图 3-22 中 K、Na 的渗透迁移情况，还可以看到以下几个明显的特征：首先，电解 120 min 以后，Na 对于阴极不同组分的渗透均存在差异性，即，黏结剂相中 Na 的渗入量大于碳质骨料中 Na 的渗入量。这主要是因为，一方面，黏结剂相中所集中的 Na 并不完全为 C-Na 插层化合物中的 Na，其中一部分为渗入黏结剂相微孔中电解质中的 Na；另一方面，复合阴极中碳质骨料的石墨化程度较黏结焦高，具有更强的抗碱金属渗透能力，因而，黏结剂相中碱金属的渗入量就大于了骨料相中碱金属的渗入量。其次，K 虽然表现出了与 Na 相似的渗透路径，但其对阴极却有着更强的渗透能力。电解时间为 120 min 时，元素 K 对阴极各组分的渗透几乎没有区别，且渗入量明显大于 Na。与元素 F 的面扫描结果相比较，可知，渗入阴极碳质骨料当中的这部分 K 是以 C-K 插层化合物的形式存在的，再次证明 K 比 Na 有着更强的渗透能力，并最终对阴极的电解膨胀率产生影响。再次，高温条件下，无论是 K 还是 Na，对阴极的渗透力均强于低温条件下，这主要是受碱金属在阴极中渗透迁移速率大小的影响。高温条件下，碱金属在阴极中的渗透速率较大，其对阴极的渗透力也就强于低温条件下的渗透力，因而，在电解质类型相同的条件下，便会对阴极产生更强的破坏力。

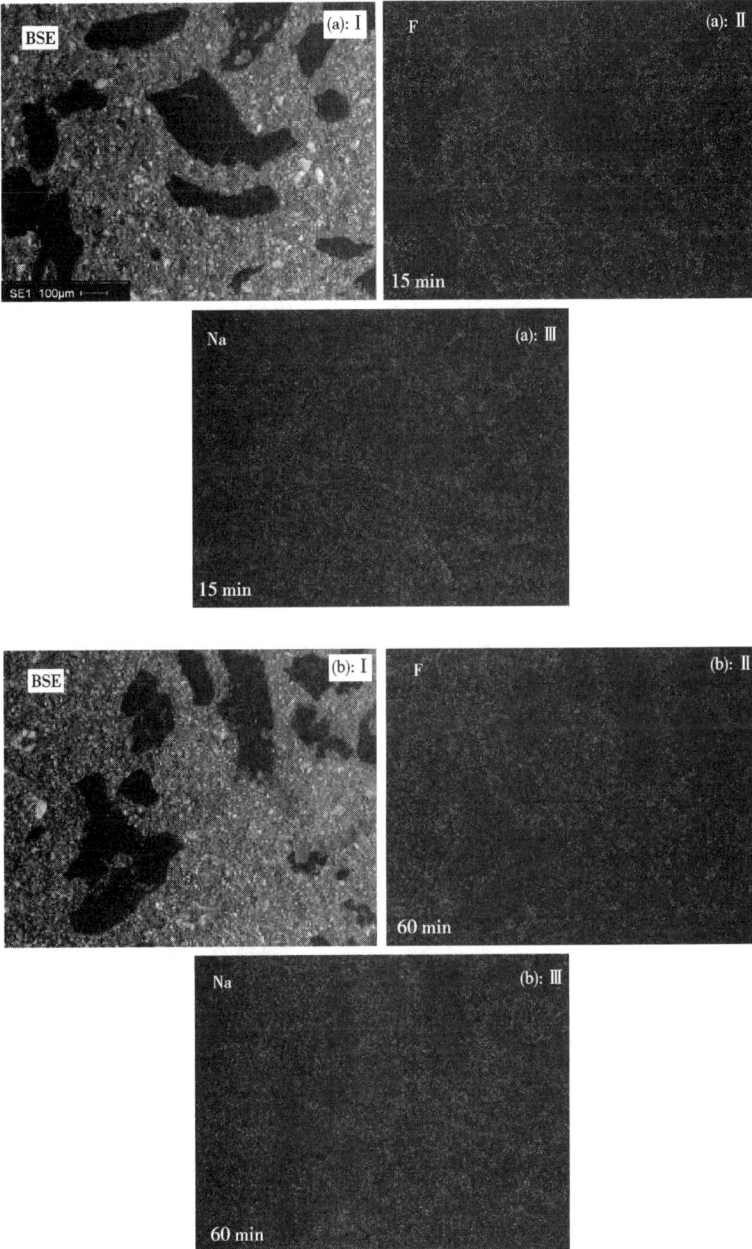

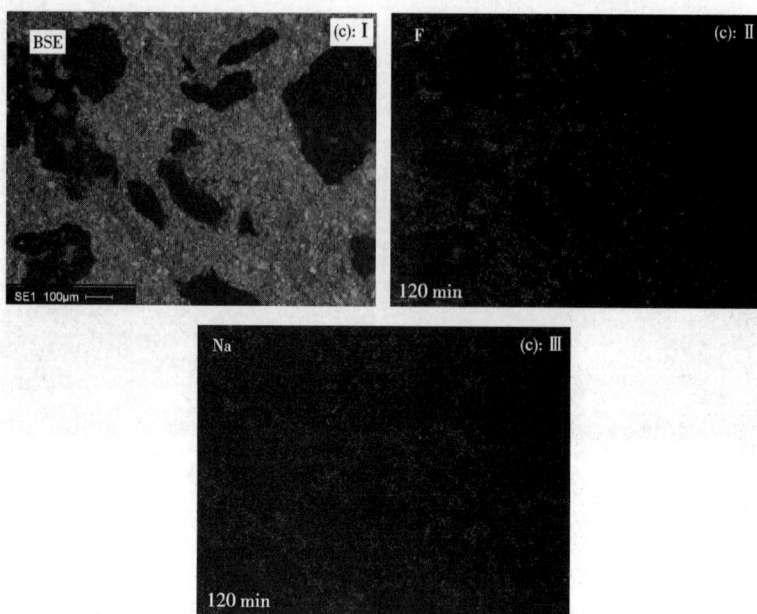

图 3 - 19　不同电解时间条件下，TiB_2 - C 复合阴极在 N_L 熔体中电解后剖面元素面扫描

（a）15 min；（b）60 min；（c）120 min

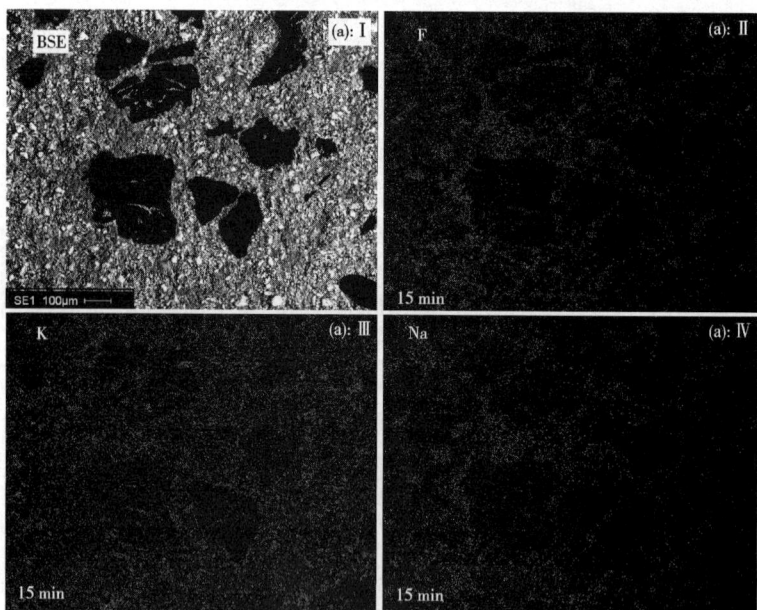

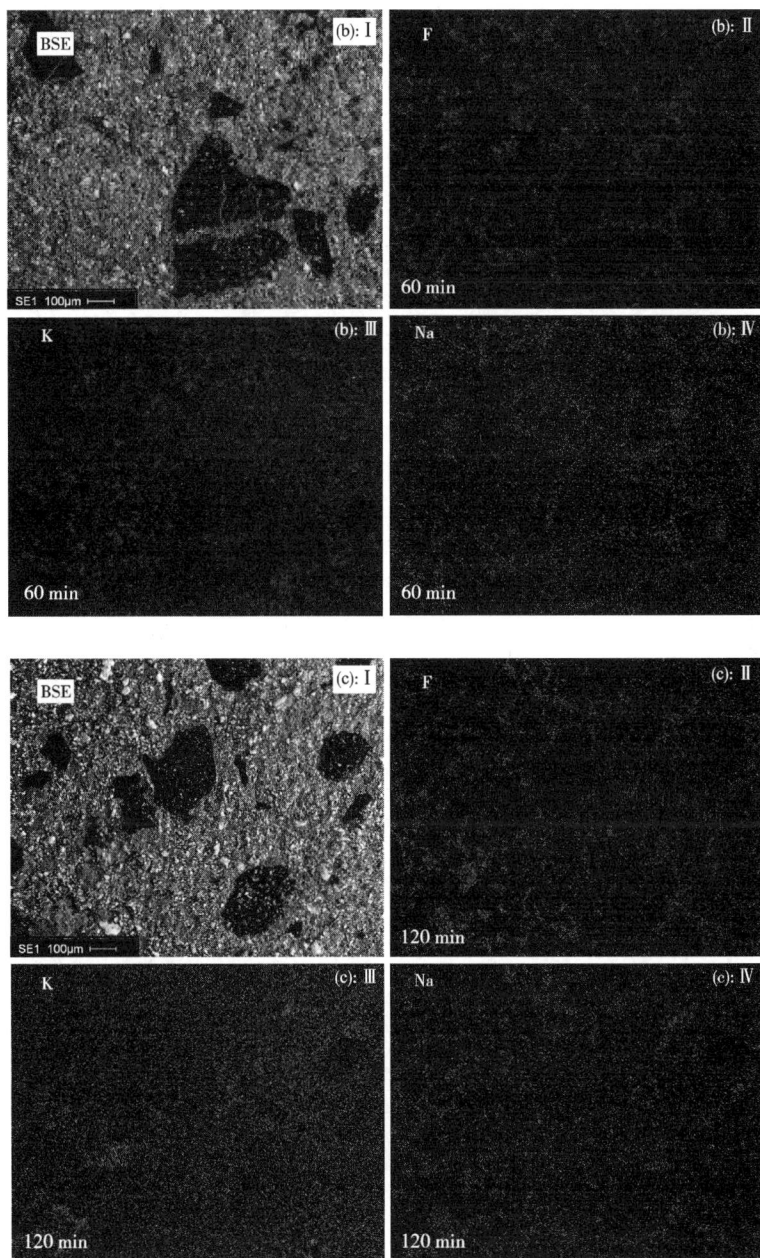

图 3 – 20 不同电解时间条件下，$TiB_2 - C$ 复合阴极在 NK_L 熔体中电解后剖面元素面扫描

（a）15 min；（b）60 min；（c）120 min

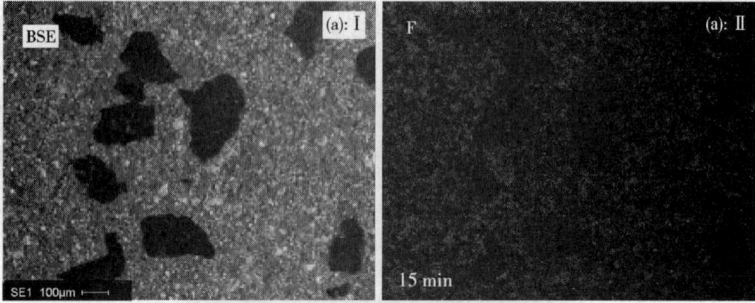

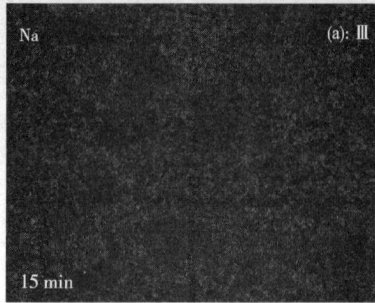

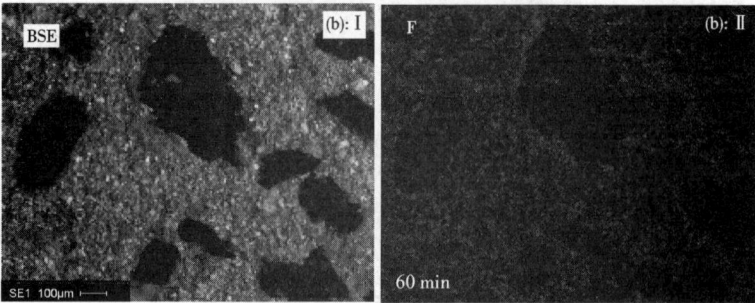

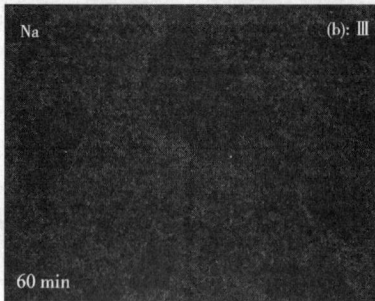

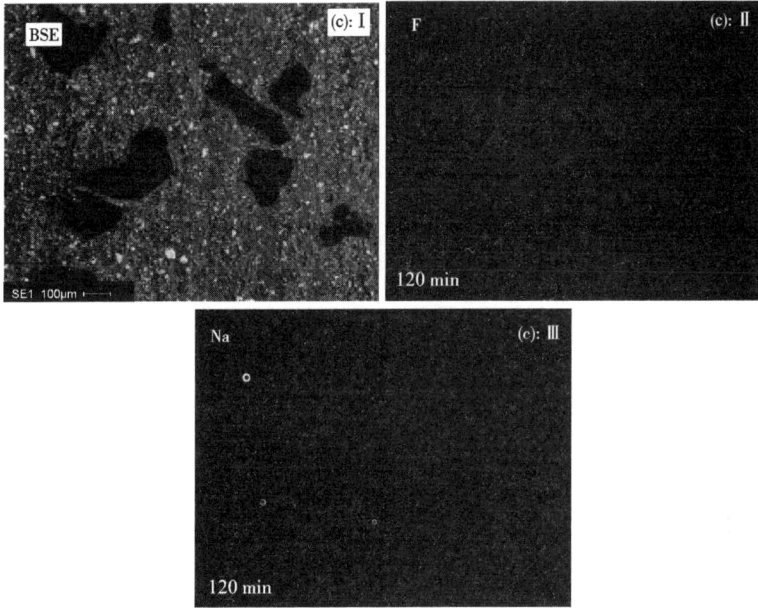

图 3 - 21   不同电解时间条件下, TiB_2 - C 复合阴极在 N_H 熔体中电解后剖面元素面扫描

(a)15 min; (b)60 min; (c)120 min

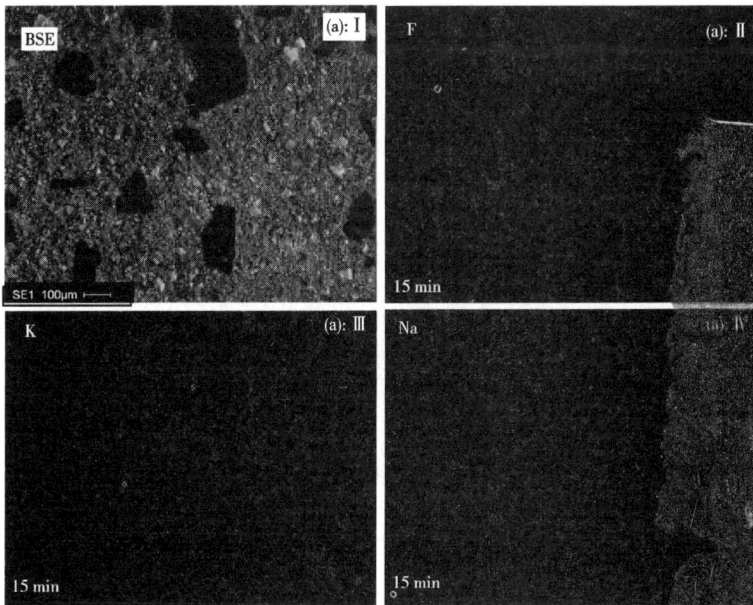

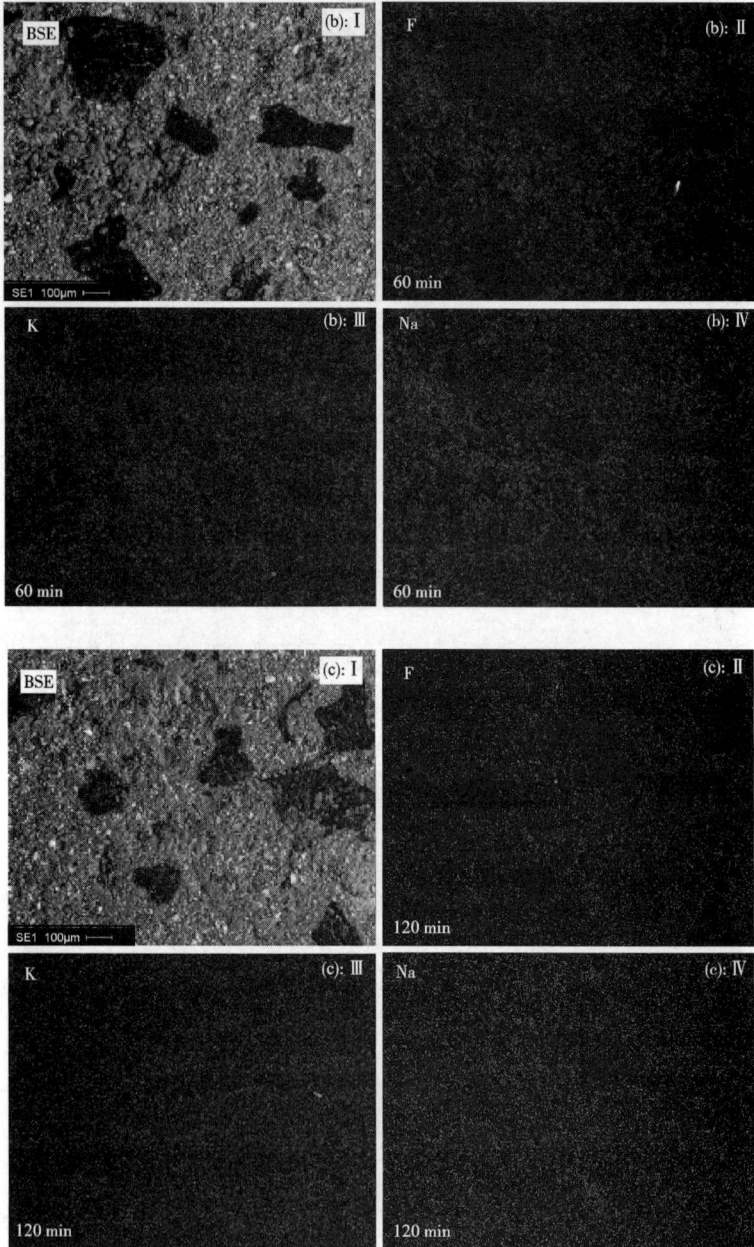

图 3 – 22 　不同电解时间条件下，TiB_2 – C 复合阴极在 NK_H 熔体中电解后剖面元素面扫描

（a）15 min；（b）60 min；（c）120 min

3. 碳质阴极中碱金属的渗透迁移行为

图 3 – 23 所示为不同电解时间条件下，碳质阴极在含钾低温电解质熔体 NK_L 中电解后，阴极剖面元素线扫描结果。图中灰黑色斑点区域为石油焦颗粒，其余部分为石油焦粉和黏结剂的混合区域。可以看出，渗透进入黏结剂和碳质骨料中的碱金属 K、Na 均会引起阴极的电解膨胀，并随阴极中碱金属浓度的饱和而达到平衡，这从图 3 – 22 中也可以得到印证。

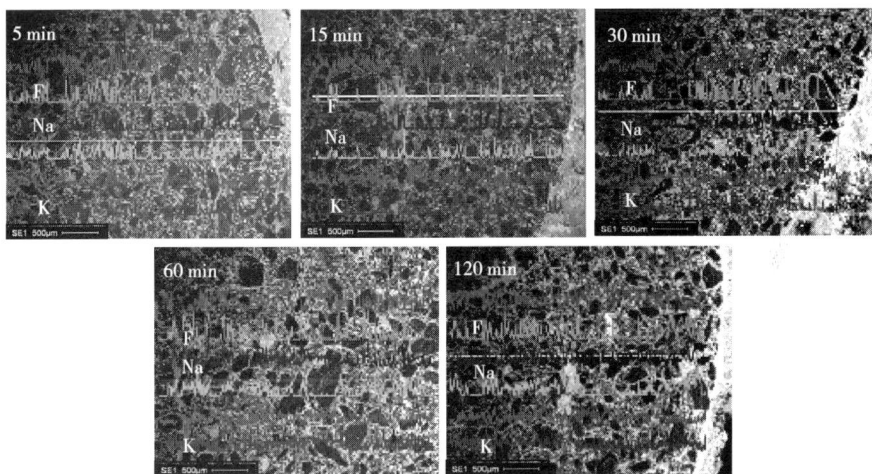

图 3 – 23 不同电解时间条件下，碳质阴极在含钾
低温电解质熔体中电解后，剖面元素线扫描

图 3 – 24 所示为不同电解时间条件下碳质阴极在含钾低温电解质熔体中的电解膨胀率曲线。从图中可以看出，电解 5 min 之后，阴极便发生了膨胀，随着电解时间的延长，膨胀量逐渐增大，电解 2 h 后，阴极的电解膨胀率达到了 1.70%。结合图 3 – 23 可知，阴极电解膨胀是由黏结剂结焦碳、石油焦粉和石油焦颗粒共同作用引起的。

表 3 – 3 所示为含钾低温电解质熔体 NK_L 中，碱金属在碳质阴极中的扩散系数。一定电解质熔体中，扩散系数越大，碱金属在其中的渗透速率便越大，对阴极所造成的影响也大，从另一个角度讲，也即阴极的抗碱金属渗透能力差。与 TiB_2 – C 复合阴极相比，碱金属在碳质阴极中的扩散系数较大，说明碳质阴极的抗碱金属渗透能力较差。

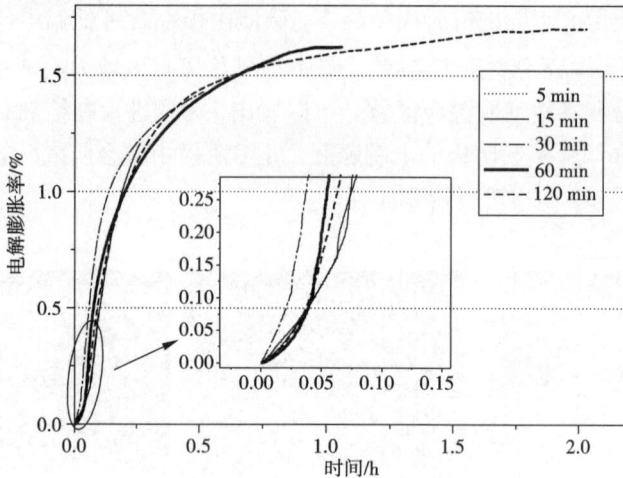

图 3-24　不同电解时间条件下，碳质阴极电解膨胀率曲线

表 3-3　碳质阴极中碱金属的扩散系数及相关参数

试样	t/min	r/mm	$D/(\text{cm}^2 \cdot \text{s}^{-1})$
碳质阴极	7.1	10	8.87×10^{-5}

不同电解时间条件下，碳质阴极在 NK_L 熔体中电解后，阴极剖面元素面扫描如图 3-25 所示。从图中可以看出，碱金属对于碳质阴极的渗透与碱金属对 TiB_2-C 复合阴极的渗透有着相似的规律，所不同的是，碱金属和电解质对阴极黏结剂相的渗透明显加剧，电解 60 min 后，K、Na 对阴极中不同区域的渗透便没有了差别。这表明，与 TiB_2-C 复合阴极相比，碳质阴极的抗渗透能力较差。

综上所述，无论是在不同阴极组成，还是在不同电解质熔体组成条件下，碱金属在阴极中都表现出了相似的渗透迁移路径，如图 3-26 所示。碱金属 K、Na 首先随电解质一同渗透进入阴极的孔隙当中，随后又渗透进入黏结剂结焦碳中，随着电解的进行，最终逐渐渗透进入阴极碳质骨料颗粒中。碱金属 K、Na 不会渗透进入 TiB_2 骨料中，K 比 Na 有着更强的渗透力。渗透进入黏结剂和碳质骨料中的碱金属 K、Na 均会引起阴极的电解膨胀，并随阴极中碱金属浓度的饱和而达到平衡。

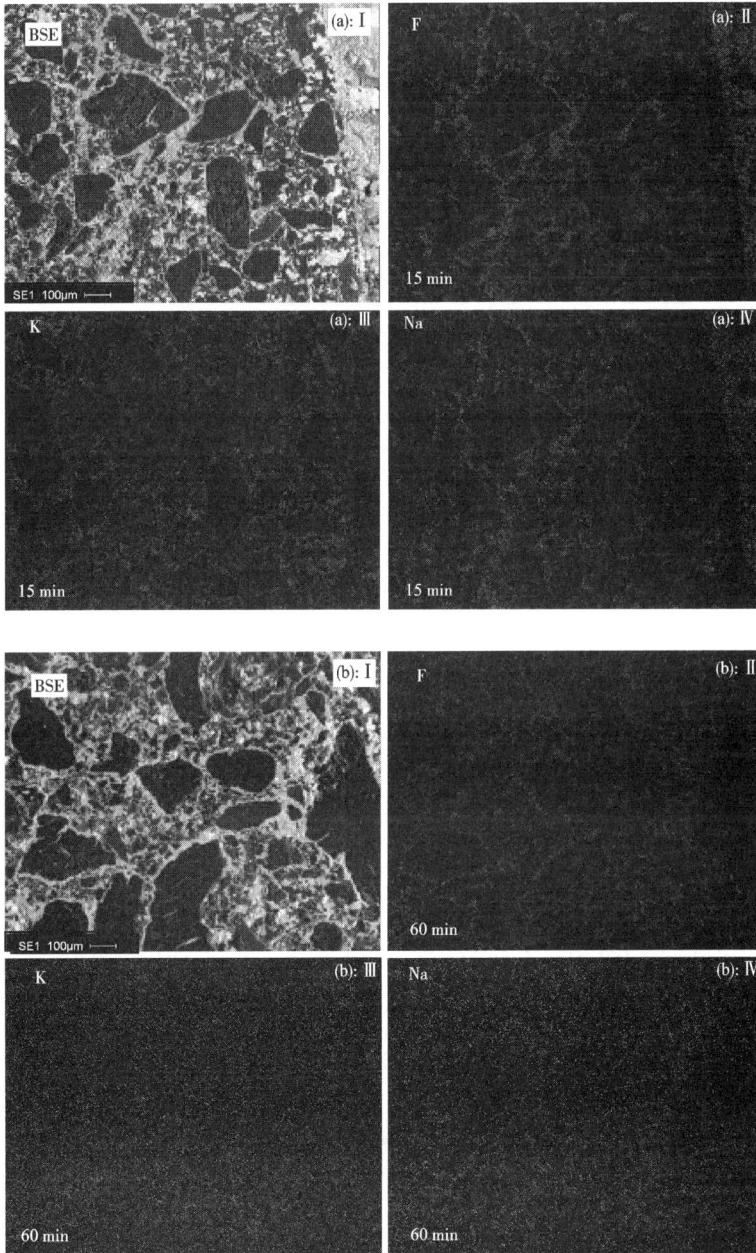

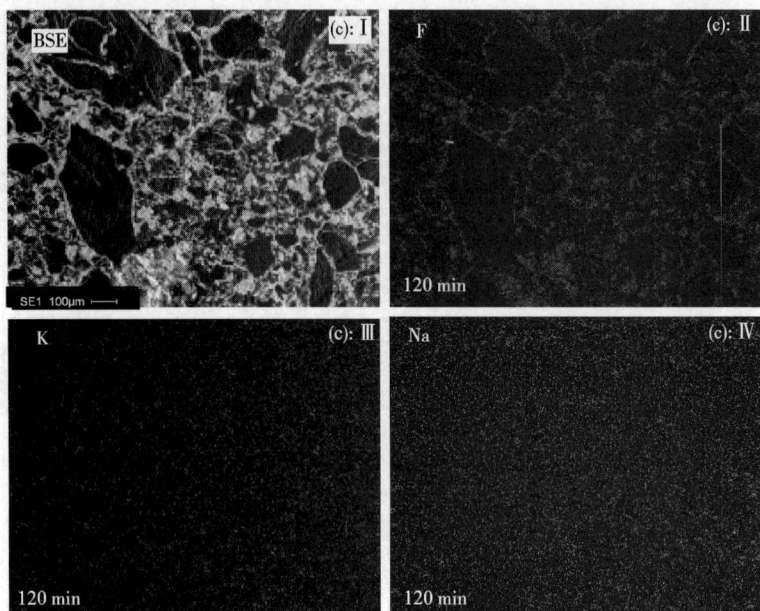

图 3 – 25　不同电解时间条件下，碳质阴极在含钾低温电解质

NK_L 熔体中电解后，阴极剖面元素面扫描

（a）15 min；（b）60 min；（c）120 min

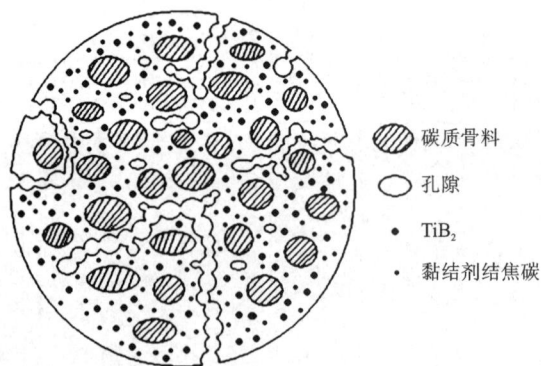

图 3 – 26　TiB_2 – C 复合阴极中碱金属渗透迁移路径示意图

3.4 碱金属渗透对阴极的影响

前两小节,从微观上系统地研究了碱金属的析出及其对阴极的渗透迁移行为。在此基础上,本节将进一步探讨不同测试条件下,渗透进入阴极的碱金属对阴极所产生的影响,尤其是碱金属 K 和 Na 对阴极影响之间的差异。为此,特别选用纯氟化物体系,以排除其他成分的干扰,同时对测试后的阴极剖面进行元素微区分析。

1. 不同电解质熔体中碱金属 K、Na 对阴极影响的差异性

图 3-27 所示为纯氟化物体系中阴极电解膨胀率曲线,从图中可以明显地看出,实验结果表现出以下三个方面的特征:首先,在极化条件下,各电解质体系中阴极的电解膨胀均较大,而非极化条件下,各电解质体系中阴极的电解膨胀率较小。由于采用了纯氟化物,极化条件下,阴极膨胀率在测试开始后很短的时间里便会超出所用测试装置的量程,为了便于比较,统一采用电解 10 min 时阴极的电解膨胀率来进行讨论。极化条件下,电解 10 min 后,阴极电解膨胀率从大到小依次是:$K_{AP} > KN_{AP} > N_{AP} > K_P > KN_P > N_P$,分别为:28.40%、23.27%、18.43%、13.56%、11.65% 和 10.41%。而非极化条件下,阴极膨胀均较小,2 h 后,K_{AN}、KN_{AN} 和 N_{AN} 熔体中阴极的电解膨胀率分别为:0.91%、0.43% 和 0.22%;KN_N、K_N、N_N 熔体中阴极的膨胀可以忽略不计。出现这种现象的主要原因是,极化条件下,阴极表面在析出铝的同时,也共析出了相应的碱金属,反应方程式如式(2-5)所示,而非极化条件下,就不存在这部分碱金属的析出,因而,极化条件下阴极的膨胀远远大于非极化条件下,同时说明,直接放电所生成的碱金属是造成阴极膨胀的最主要因素。

其次,除了 KN_N、K_N 和 N_N 三种电解质熔体外,无论是极化还是在非极化条件下,含钾电解质熔体中阴极的膨胀均大于不含钾熔体中阴极的膨胀,如 $K_{AP} > N_{AP}$,$K_P > N_P$,$KN_{AP} > N_{AP}$ 和 $KN_P > N_P$ 等,分别高出 35.13%、23.21%、20.82% 和 10.61%。出现这种现象的原因主要有以下几个方面:①K、Na 的电化学当量不同;K 的电化学当量为 1.46 g/(A·h),Na 的电化学当量为 0.86 g/(A·h)。相同时间,相同电流条件下,K 的析出量要大于钠的析出量。这是导致 K 对阴极的影响超过 Na 的前提。②K 的原子半径为 227.2 pm,Na 的原子半径为 190 pm。这使得阴极表面所析出的 K 在渗透进入阴极之后所引起的膨胀大于 Na 渗入后所引起的膨胀,这是 K 对阴极的影响超过 Na 的必要条件。③渗透进入阴极中的碱金属 Na 与碳反应所生成的 C-Na 插层化合物多为高阶(如 $C_{64}Na$,8 阶);而碱金属 K 与碳反应所生成的 C-K 插层化合物多为低阶(如 C_8K,1 阶),这使得 C-K 插层化合物在阴极碳质组分中的浓度将大于 C-Na 插层化合物的浓度,引起阴极更

大的膨胀，并成为 K 对阴极的影响超过 Na 的决定性因素。

此外，还可以看出，$KN_{AP} < K_{AP}$，$KN_P < K_P$，$KN_{AN} < K_{AN}$，降幅分别为 18.07%、14.1% 和 5.52%。说明复合电解质熔体的使用有助于降低纯钾熔体对阴极的破坏作用。

最后，无论是在极化还是在非极化条件下，含 Al 电解质熔体中阴极的电解膨胀率均大于不含 Al 电解质中阴极的电解膨胀率，例如，$K_{AP} > K_P$，$N_{AP} > N_P$，$KN_{AP} > KN_P$，同时，K_{AN}，KN_{AN} 和 N_{AN} 也均大于 KN_N、K_N 和 N_N。这主要是受 Al 与电解质熔体所发生置换反应的影响，反应方程式如式(2-4)所示。

其他条件相同的情况下，当熔体中加入 Al 之后，就会发生式(2-4)所示的反应，此时，无论是极化还是非极化，相比之下，均会额外生成一部分碱金属，这部分 K、Na，除一部分发生溶解或挥发之外，其余的便会渗透进入阴极，对阴极产生影响。因此，在熔体中加入 Al 的情况下，会引起阴极更大的膨胀。

此外，还可以看到，对于纯氟化物熔体而言，非极化条件下，加入 Al 后，比极化条件下加入 Al 后所造成的阴极膨胀的增加要大许多，例如，N_{AN} 比 N_N 高出 94.58%，而 N_{AP} 仅比 N_P 高出 43.49%；同样的，K_{AN} 比 K_N 高出 90.99%，而 K_{AP} 仅比 K_P 高出 52.26%。这说明，非极化条件下置换反应所产生的碱金属对阴极的影响较极化条件下置换反应所产生的碱金属的影响大。这主要是因为，非极化条件下，没有碱金属离子的放电反应，置换反应充分，因而对阴极的影响也较大。而在极化条件下，碱金属离子放电反应占主导，且所生成的碱金属抑制了置换反应的进行，再次印证了直接放电所生成的碱金属是造成阴极膨胀的最主要因素。

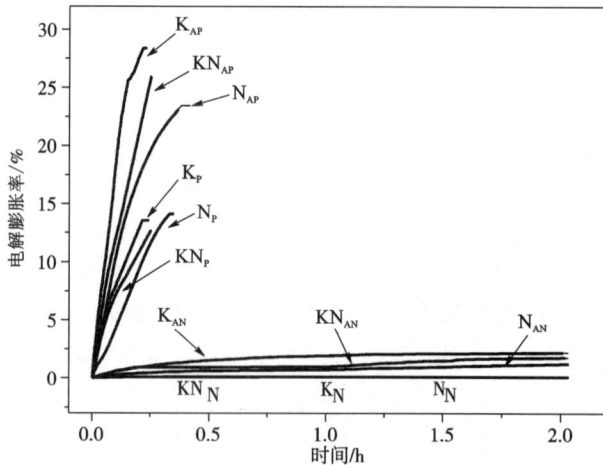

图 3-27　氟化物体系中阴极电解膨胀曲线

2. 测试后阴极剖面元素微区分析

图 3 - 28 分别是极化和非极化条件下，TiB_2 - C 复合阴极在不同氟化物熔体中进行阴极膨胀测试后剖面的元素面扫描。从图 3 - 28(a) 中可以看出，在非极化不加 Al 的条件下，Na 并没有渗透进入碳质骨料当中，仅仅渗入了黏结剂和 TiB_2 的混合区域。前已述及，TiB_2 中并不能渗入任何元素，因此，Na 实质上存在于黏结剂相中。同时还可以看到，在相同的区域，有元素 F 的存在，说明黏结剂相中的 Na 是以离子形式存在，并随电解质一同渗入的。非极化条件下，没有碱金属 Na 的生成，也就没有导致阴极膨胀的前提条件。从图 3 - 28(c) 中可以看到，在非极化加 Al 的条件下，Na 除了渗透进入了黏结相之外，还渗透进入了碳质骨料当中，同时，在碳质骨料当中，未能检测到 F，表明其中的 Na 以碱金属的形式渗入，印证了 Al 与电解质所发生的置换反应。从图 3 - 28(b) 中可以看到，在不加铝极化的条件下，与图 3 - 28(c) 类似，Na 以碱金属的形式渗透进入了黏结剂相中，同时还渗入了阴极的碳质骨料当中；然而所不同的是，图 3 - 28(b) 中，碳质骨料中的 Na 明显多于图 3 - 28(c) 所示，这印证了直接放电所生成碱金属是造成阴极膨胀的最主要因素。而图 3 - 28(d) 除了所表现出的与图 3 - 28(b) 和图 3 - 28(c) 相似的结果之外，还有一个明显的不同之处，那就是，碱金属 Na 对阴极中不同区域的渗透已经没有了差别，碱金属 Na 对阴极的渗透非常剧烈。在极化及加 Al 的条件下，碱金属会通过离子直接放电和置换反应同时生成，与 N_P 和 N_{AN} 熔体相比，碱金属的生成量大，因而，对阴极所造成的影响也大，这与图 3 - 27 的测试结果相一致。

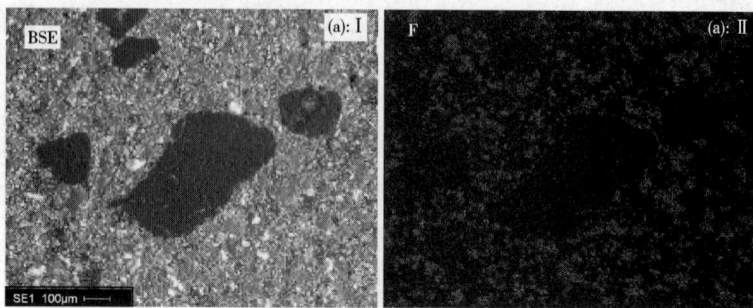

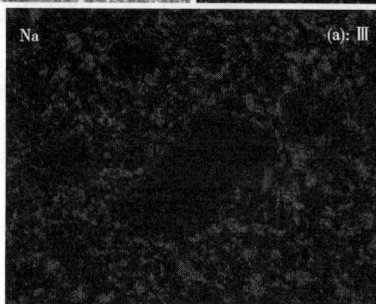

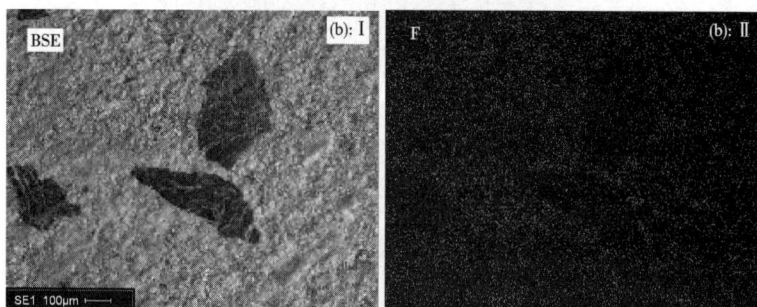

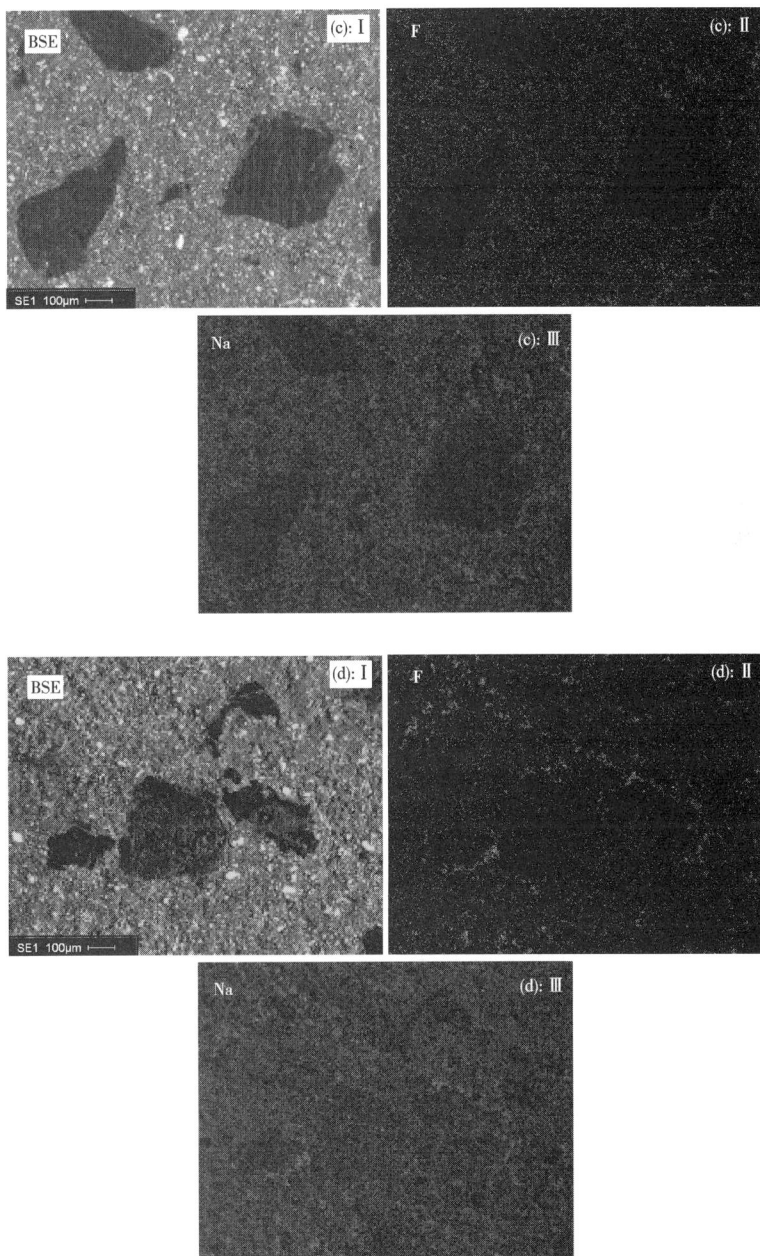

图 3 - 28　不同氟化物熔体中阴极膨胀测试后剖面元素微区分析

(a)N_N；(b)N_P；(c)N_{AN}；(d)N_{AP}

第4章 可润湿性复合阴极
材料的抗渗透结构

4.1 引言

可润湿性阴极技术是推动惰性电极系统工业化应用的关键材料，就其中最具前景的 TiB_2 – C 复合阴极而言，目前仍存在着电解过程中易开裂、使用寿命短等亟待解决的问题，不能满足惰性电极系统对阴极材料的要求，是阻碍其工业化应用的一道屏障。从本书第 3 章讨论可知，在 $[K_3AlF_6/Na_3AlF_6]$ – AlF_3 – Al_2O_3 熔体中电解时，碱金属 K、Na 均会析出，并由外而内，逐渐渗透进入阴极，对阴极产生破坏作用。在这一过程中，首当其冲的当属阴极中的黏结剂体系，其次为骨料。此外，不同种类黏结剂及骨料由于受其微观结构的影响，抗碱金属侵蚀能力不同，而黏结剂及骨料的微观结构，又都受到其热处理温度的影响，因此，对可润湿性 TiB_2 – C 复合阴极的优化设计，应从材料的组成和制备工艺两方面入手。

4.2 实验电解槽结构的设计与选择

电解过程中，温度和电流密度分布的不均匀会直接影响碱金属对阴极的渗透及阴极的腐蚀行为，严重情况下会造成阴极的块状脱落和层离，导致碱金属渗透速率和阴极腐蚀率的计算结果出现偏差，各组实验之间的数据没有可比性，无法准确评价电解过程中各个阴极试样耐腐蚀性能的真实情况。为了消除温度和电流密度分布的不均匀所带来的影响，确保实验结果的可靠性，通过文献调研，初步设计了以下两种槽型结构(见图 4 – 1)，并进行筛选。

在 Ansys Multiphisics 平台上建立三维电 – 热耦合模型，应用有限元法计算获得试验槽内电流密度及温度的分布。模型中所包含的材料的属性如表 4 – 1 所示[148~153]，计算过程中，阳极导杆顶端所加载的电流为 50 A，阴极钢棒端设定为零电势，槽周围环境温度设定为 25℃，槽外壁与环境之间的对流换热系数为 25 W/(m^2 · ℃)，熔体温度 923℃。通过对比计算结果，为电解实验选择一种合适的电解槽型。

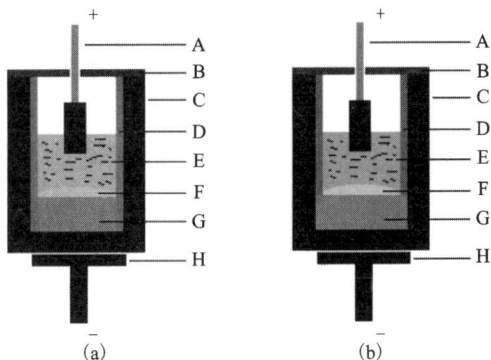

图 4-1 电解槽结构的选择与设计

(a)槽型一;(b)槽型二;

A—阳极;B—刚玉盖板;C—石墨坩埚;D—刚玉套管;E—电解质熔体;

F—金属铝液;G—TiB$_2$-C 复合阴极;H—坩埚托盘

表 4-1 材料属性

材料	热导率/W·(m^{-1}·K^{-1})	电阻率/Ω·m
阳极	12	9×10^{-6}
电解质	10^5	5.20×10^{-3}
铝液	77.95	2.90×10^{-7}
复合阴极	30	1.02×10^{-5}
石墨槽壁	12	9×10^{-6}
刚玉管	18	—
钢制托盘	28	13.20×10^{-7}

经过计算可以发现,无论使用上述何种槽型,电解过程中全槽温度分布一致,均如图 4-2 所示。

低温电解时,受 Al$_2$O$_3$ 溶解性能的影响,可能在槽底产生 Al$_2$O$_3$ 沉淀。从图中可以看出,最高温度,即所设定的电解温度出现在电解质与铝液部分且分布非常均匀,同时,阴极上部,大约有三分之一的部分与电解质保持着同样的温度,这就确保了电解过程中,在阴极表面不会发生 Al$_2$O$_3$ 沉淀,避免了其对电解过程的影响。

图 4-3 所示为铝液 – 阴极界面处电流密度分布图。从图中可以看出,对于槽型一而言,电流密度最大值集中在了阴极中部,但其仅比边部电流密度最低值

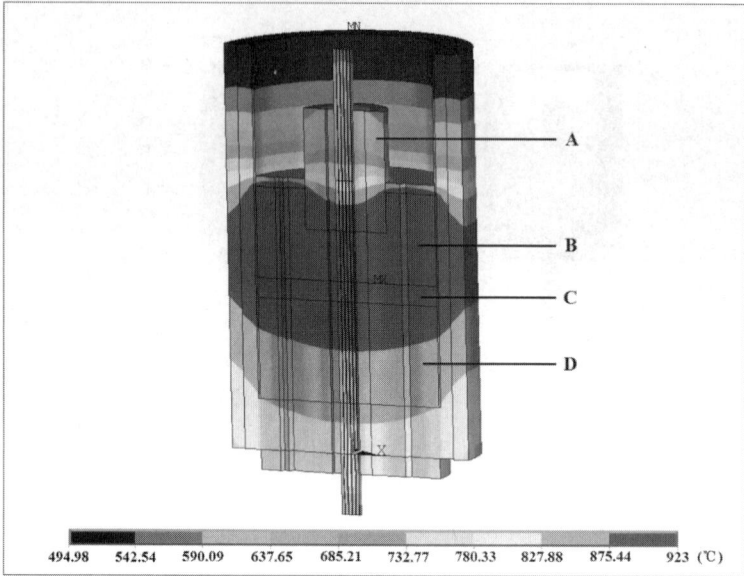

图4-2　全槽温度分布图

A—阳极；B—电解质；C—铝液；D—阴极

高出约0.59%，说明在槽型一铝液与阴极界面处电流的分布是非常均匀的。对于槽型二而言，电流密度的最大值集中在了阴极边部，是中部电流密度最低值的2.54倍，说明槽型二铝液和阴极界面处电流的分布极为不均匀，这会对阴极耐腐蚀性能的测试结果产生较大的影响。

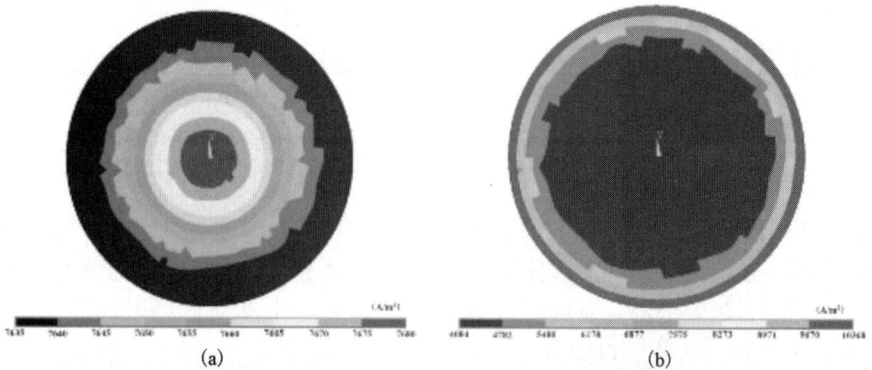

图4-3　铝液-阴极界面处电流密度分布图

(a)槽型一；(b)槽型二

图 4 - 4 所示为铝液 - 阴极界面处温度分布图。从图中可以看出，槽型一和槽型二的铝液和阴极界面处温度分布状况极为相似，温度最高值均出现在阴极表面中部区域，温度最低值则出现在阴极表面的边部区域，但最高值与最低值之间相差不大。对于槽型一而言，铝液与阴极界面处中部温度的最高值比边部温度的最低值高出约 1.57%；而对于槽型二而言，温度最高值则比温度最低值高出 1.55%。由此可以看出，无论是槽型一还是槽型二，铝液和阴极界面处温度的分布都是非常均匀的。

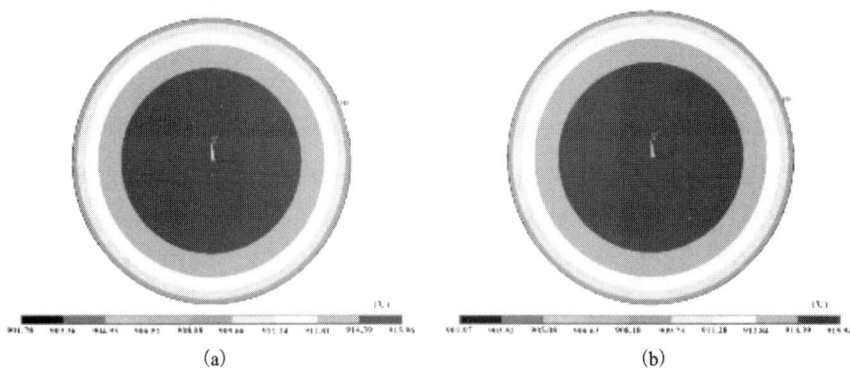

图 4 - 4　铝液 - 阴极界面处温度分布图

(a)槽型一；(b)槽型二

综上所述，虽然槽型二在全槽温度分布和铝液与阴极界面处温度的分布等方面可以满足阴极耐腐蚀性能考察的要求，但是界面处电流密度的分布不均，将会直接影响阴极耐腐蚀性能的测试结果。综合考虑温度和电流密度分布两方面的因素，可以看出，使用槽型一进行惰性可润湿性 TiB_2 - C 复合阴极低温电解腐蚀实验，可以有效、客观地对低温电解质 $[K_3AlF_6/Na_3AlF_6]$ - AlF_3 - Al_2O_3 熔体中阴极的耐腐蚀性能进行评价。

4.3　电解实验过程

实验电解槽被置于一井式电阻炉内，实验开始前，在高纯石墨制电解槽中预置一定质量的原铝，电解过程中，采用 Pt/Pt - 10% Rh 热电偶和 TCE - Ⅱ 型程序控温仪对电解槽温度进行控制。电解实验所用的化学试剂为：K_3AlF_6(分析纯)，Na_3AlF_6(分析纯)，Al_2O_3(分析纯)和 AlF_3(分析纯)。电解质熔体的 CR = 1.6，KR = 0.3，t_L = 873℃。电解时所用的 ρ_{CD} = 0.8A/cm²，t_S = 50℃，氧化铝的浓度为相应电解质的饱和氧化铝浓度。电解时间为 2.5 h，实际的电解温度等于电解质

的 t_L 与 t_S 之和。

4.4 阴极的电解膨胀

1. 黏结剂含量和种类对 TiB_2-C 复合阴极电解膨胀性能的影响

图 4-5(a)所示为沥青基 TiB_2-C 复合阴极在低温电解质 $[K_3AlF_6/Na_3AlF_6]-$ $AlF_3-Al_2O_3$ 熔体中的电解膨胀率曲线。其中,纵坐标为试样的线性膨胀率 $\rho(\%)$,横坐标为电解时间(h)。从图中可以看出,不同沥青含量条件下所测得的阴极电解膨胀率曲线均呈抛物线状,在刚开始通电电解时,阴极电解膨胀率的增加速率较快,随着电解的不断进行,阴极电解膨胀率的增加速率逐渐减缓,最后趋于恒定。同时也可以看出,电解 1.5 h 后,随着沥青含量的增加,试样电解膨胀率呈现出先减小,后增大的趋势。当沥青含量为 16% 时,阴极的电解膨胀率最小,为 1.49%。图 4-5(b)、图 4-5(c)、图 4-5(d)分别为呋喃、酚醛、环氧基 TiB_2-C 复合阴极在低温电解质 $[K_3AlF_6/Na_3AlF_6]-AlF_3-Al_2O_3$ 熔体中的电解膨胀率曲线。与图 4-5(a)相比,它们均有着相似的规律。同时也可以看出,虽然在个别实验点上有所偏差,但电解 1.5 h 后 TiB_2-C 复合阴极的电解膨胀率随黏结剂含量的增大依然表现出较为明显的先减小后增大的趋势。当呋喃用量为 18% 时,呋喃基 TiB_2-C 复合阴极的电解膨胀率最小,为 1.26%;当酚醛用量为 14% 时,酚醛基 TiB_2-C 复合阴极的电解膨胀率最小,为 1.18%;而当环氧用量为 12% 时,环氧基 TiB_2-C 复合阴极的电解膨胀率最小,为 0.92%。

黏结剂能浸润和渗透骨料颗粒并把各种散料颗粒捏结在一起,填满散料颗粒的开口气孔,形成质量均匀且具有良好塑性的糊料,在焙烧过程中,黏结剂自身焦化生成黏结焦,并将散料颗粒结合成一个坚固的整体,使材料制品具有所要求的机械强度和其他性能。黏结剂的用量会对阴极试样的体积密度、开孔率等物理性能产生影响,进而影响到试样的电解膨胀率。当黏结剂用量较少时,骨料颗粒表面得不到充分的浸润,颗粒之间的黏结性变差,结合不够致密,出现微裂纹,因此试样的体积密度较低,致使电解过程中,在电毛细现象作用下,较多的电解质会渗透进入阴极之中,电解质与阴极之间的实际接触面积加大,更多的碱金属 K、Na 在阴极表面析出并渗透进入阴极,导致出现较大的阴极电解膨胀率。而随着黏结剂含量的增加,骨料颗粒逐渐被黏结剂浸润,随后的焙烧过程中,骨料颗粒之间结合更好,这会使复合材料的体积密度增大,开孔率降低,从而增强了阴极的抗渗透能力,降低了 K、Na 的渗入量,宏观上则表现为阴极电解膨胀率有所下降。但当黏结剂含量进一步增大时,骨料颗粒表面吸附的中低分子碳氢化合物组分会出现过饱和现象,过剩的中低分子组分不能被骨料颗粒吸附并转为高分子

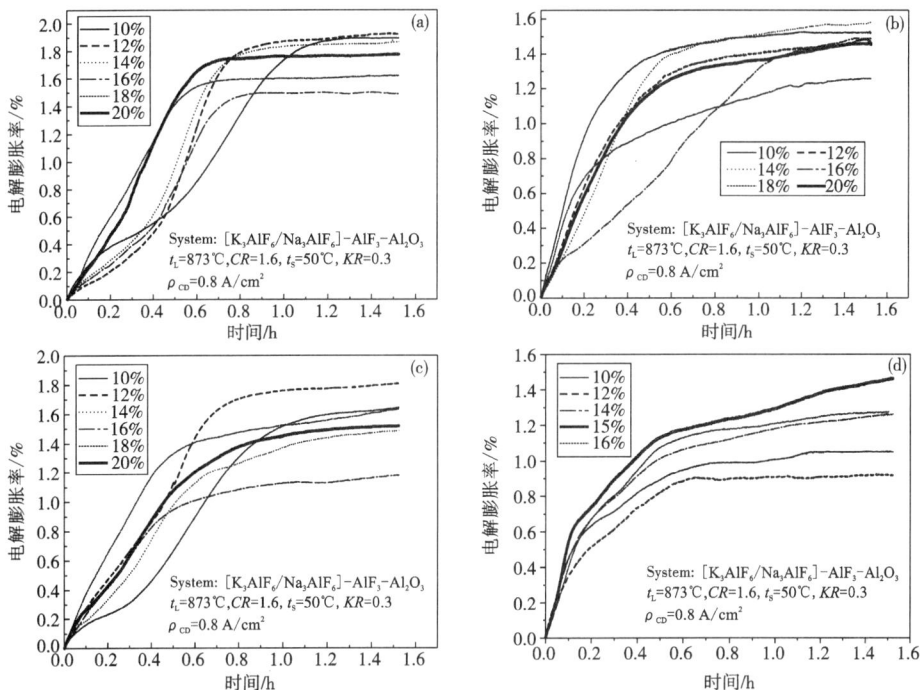

图 4 - 5　TiB₂ - C 复合阴极电解膨胀性能

(a)沥青基 TiB₂ - C 复合阴极；(b)呋喃基 TiB₂ - C 复合阴极；
(c)酚醛基 TiB₂ - C 复合阴极；(d)环氧基 TiB₂ - C 复合阴极

碳氢化合物，因此，在随后的升温过程中，这部分组分以气体形式被释放，造成材料的体积密度和开孔率又有所下降，阴极的电解膨胀率又有所增加[154～156]。

图 4 - 6 所示为电解 1.5 h 后，沥青、呋喃、酚醛、环氧基 TiB₂ - C 复合阴极电解膨胀率随黏结剂含量的变化曲线。从图中可以看出，总的来说，沥青基 TiB₂ - C复合阴极所表现出的阴极电解膨胀率较大，最大达到了 1.92%，而呋喃、酚醛、环氧基 TiB₂ - C 复合阴极所表现出的电解膨胀率相对较小，其中又以环氧基 TiB₂ - C 复合阴极的电解膨胀率最小，最低仅为 0.92%。

上述现象主要是由不同种类黏结剂碳化后的微观形貌不同所致。沥青属于软碳材料，由于一开始便具有较高的芳香族化合物含量，因此，焙烧过程中，随着温度的升高，其内部逐渐出现了一些层状结构，碳化后内部多为中孔或大孔[101, 157]。这使得电解过程中，电解质可以较易渗透进入沥青基 TiB₂ - C 复合阴极，致使阴极表面碱金属 K、Na 的生成量增多，阴极电解膨胀率增大。而呋喃、酚醛和环氧等树脂均属于硬碳材料，随着焙烧温度的升高，其内部出现一种交联

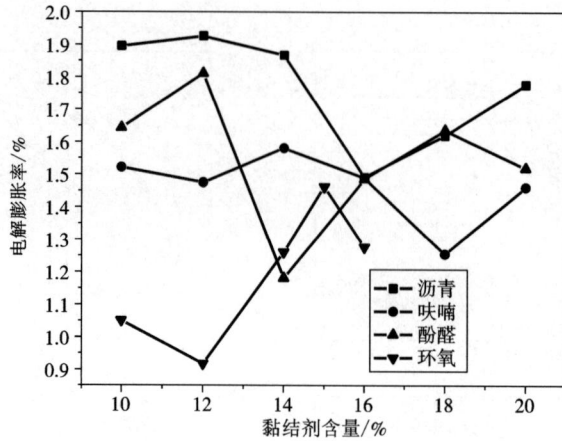

图 4 - 6 电解 1.5 h 后沥青、呋喃、酚醛、环氧基 TiB$_2$ - C 复合阴极电解膨胀率随黏结剂含量的变化曲线

现象，形成一种刚性的三维网络结构，碳化后内部多为纳米级的微孔。相比之下，电解质较难渗透进入阴极内部，这使得其与阴极的接触面积减小，阴极表面碱金属 K、Na 的生成量减小。同时，阴极内部的这种三维网络结构也使得碱金属的渗透难度加大，C$_x$M(K、Na)的生成量减少，阴极电解膨胀率较低。

从图 4 - 6 中还可以看出，与半石墨质阴极在相同的电解质体系、相同的工艺条件下所测得的阴极电解膨胀率相比，沥青、呋喃、酚醛、环氧基 TiB$_2$ - C 复合阴极均表现出了较小的阴极电解膨胀率，降幅最低为 9.0%，最高则达到了 56.4%。这主要得益于 TiB$_2$ - C 复合阴极与铝液之间良好的润湿性。图 4 - 7 为电解 1.5 h 后沥青、呋喃、酚醛、环氧基 TiB$_2$ - C 复合阴极径向剖面的 SEM 图。

从图中可以看出，无论使用何种黏结剂，阴极表面所沉积的铝液都会紧紧地包裹在阴极周围，这与半石墨质阴极形成了鲜明的对比（见图 4 - 8）。正是 TiB$_2$ - C 复合阴极与铝液的良好润湿性，导致电解过程中，碱金属 K、Na 若要渗透进入阴极碳素材料晶格引起阴极膨胀，必须首先经过紧贴在阴极表面的铝液层，也就是说，紧贴在阴极表面的铝液层是碱金属进入阴极材料内部的一道屏障，起着阻止或减缓碱金属 K、Na 对阴极材料渗透的作用，使得 TiB$_2$ - C 复合阴极表现出了较小的电解膨胀率。

采用 NORAN VANTAGE4105 型 X 射线能谱仪对试样剖面不同区域进行元素微区分析。图 4 - 9 所示为沥青基 TiB$_2$ - C 复合阴极剖面边部 a 点处的 X 光量子能谱曲线图。从图中可以明显地看出，虽然使用了 TiB$_2$ - C 复合阴极，但仍然存在 F、Al、K 和 Na 等元素对阴极的渗透。表明电解过程中，存在一部分电解质或碱金属 K、Na 渗透进入阴极，并对其产生(膨胀)破坏作用。

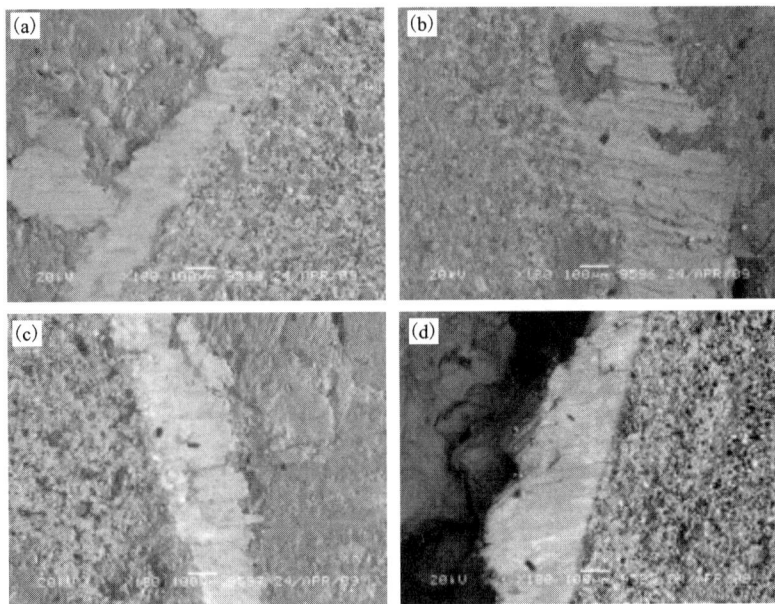

图 4 – 7　电解后 TiB₂ – C 复合阴极径向剖面 SEM 图

(a)沥青基 $TiB_2 – C$ 复合阴极；(b)呋喃基 $TiB_2 – C$ 复合阴极；
(c)酚醛基 $TiB_2 – C$ 复合阴极；(d)环氧基 $TiB_2 – C$ 复合阴极

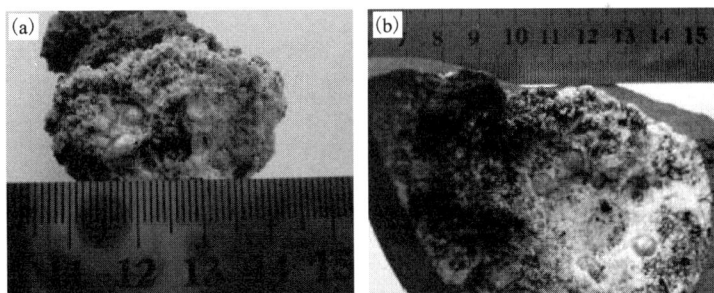

图 4 – 8　半石墨质阴极电解后外观形貌及金属铝分布状态

(a)阴极表面形貌；(b)坩埚内金属铝的分布状态

　　表 4 – 2 为沿沥青基 $TiB_2 – C$ 复合阴极剖面径向方向各点处 F、K 和 Na 各元素的原子百分比以及元素 K、Na 物质的量之和与元素 F 物质的量之比，用 n_c^i 表示。

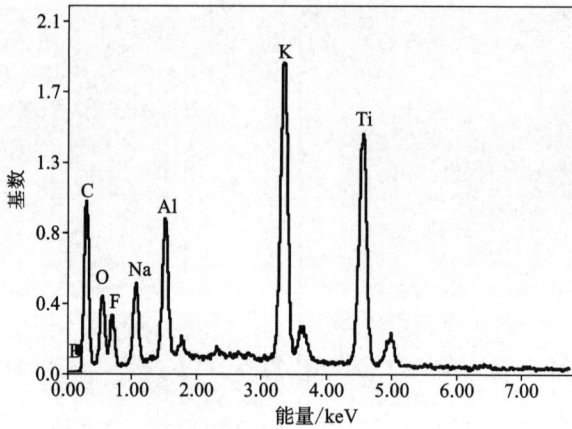

图 4 - 9　沥青基 TiB_2 - C 复合阴极剖面元素微区分析

表 4 - 2　沥青基 TiB_2 - C 复合阴极剖面各点处元素原子百分比

及 K、Na 物质的量之和与 F 物质的量之比

编号	各元素的原子百分数/%			n_c^i
	F	Na	K	
a	7.04	4.02	6.03	1.43
b	5.92	3.12	4.87	1.35
c	3.25	1.16	2.81	1.22
d	2.17	1.04	1.32	1.09

在含钾电解质 $[K_3AlF_6/Na_3AlF_6]$ - AlF_3 - Al_2O_3 熔体中进行电解时，从电解质的组成来看，元素 Na 或元素 K 与元素 F 的物质的量之比最大为 1，说明渗透进入阴极的元素 K、Na 不完全是以电解质组分形式存在，而有一部分是电解过程中阴极表面所析出的并渗透进入阴极形成嵌合物的碱金属 K、Na。同时，由表及里 n_c^i 值的减小又说明，碱金属 K、Na 由外而内渗透进入了阴极内部，渗入量逐渐减少。各点处 K 的含量均大于 Na 的含量，说明 K 比 Na 有着更强的渗透力。

沥青基 TiB_2 - C 复合阴极中，存在一定量的碳质组分，极化条件下阴极表面所析出的碱金属 K、Na 会在其核外 S 电子与碳质组分中 π 电子的键合驱动力作用下，渗透进入其中，形成碱金属插层化合物 $[C_xM(K、Na)]$，并引起阴极的膨胀。相比之下，K 比 Na 有着更低的离子势，因而更易与阴极中的碳质组分相结合，导致电解后阴极剖面同一区域中 K 的含量大于 Na 的含量[136, 137]。

EDS 对电解后呋喃、酚醛、环氧基 TiB_2 – C 复合阴极剖面所进行的元素微区分析也得到了类似的结果，碱金属 K、Na 由外而内渗透进入了阴极内部，K 比 Na 有着更强的渗透能力。

2. 不同碳质骨料 TiB_2 – C 复合阴极的电解膨胀

已发表的文献在研究阴极的电解膨胀性能时，注意力集中在了黏结剂上。然而骨料 – 黏结剂所组成的阴极的制备过程实质是通过热处理得到黏结剂结焦碳并将骨料颗粒黏结在一起获得阴极体的过程，材料的微观结构和超分子结构取决于不同骨料和黏结剂及其相互作用的可能性。因此，骨料的种类对于阴极电解膨胀性能同样具有绝对重要的意义。TiB_2 – C 复合阴极中的骨料包含 TiB_2 粉末和碳质骨料。对于 TiB_2 而言，电解过程中，碱金属和电解质并不会渗透至其中，也不会与其发生反应，因此，不会对阴极的电解膨胀性能产生影响。这使得碳质骨料抗渗透性能的优劣在很大程度上影响着整个阴极的性能。

图 4 – 10 所示为不同碳质骨料 TiB_2 – C 复合阴极电解 1.5 h 后的电解膨胀率。从图中可以看出，无论使用何种黏结剂，以石墨为碳质骨料的 TiB_2 – C 复合阴极均表现出了较小的电解膨胀率，而以石油焦为碳质骨料的 TiB_2 – C 复合阴极均表现出了较大的电解膨胀率。以沥青为黏结剂，石墨、无烟煤、石油焦基 TiB_2 – C 复合阴极的电解膨胀率分别为：1.18%，1.41% 和 1.87%；以呋喃为黏结剂，石墨、无烟煤、石油焦基 TiB_2 – C 复合阴极的电解膨胀率分别为：1.01%，1.24% 和 1.58%；以酚醛为黏结剂，石墨、无烟煤、石油焦基 TiB_2 – C 复合阴极的电解膨胀率分别为：0.75%，0.85% 和 1.18%；以环氧为黏结剂，石墨、无烟煤、石油焦基 TiB_2 – C 复合阴极的电解膨胀率分别为：0.78%，1.08% 和 1.26%。其中，以沥青为黏结剂，石油焦基 TiB_2 – C 复合阴极的电解膨胀率最大，而以酚醛为黏结剂，石墨基 TiB_2 – C 复合阴极的电解膨胀率最小，与电解膨胀率的最大值相比，降幅达到 59.9%。

在相同黏结剂的条件下，由于材料中所使用的 TiB_2 含量相同，并且材料的制备工艺也完全一致，那么决定材料抗渗透性能的唯一因素就是材料中碳质骨料的性质。碱金属和电解质对阴极的渗透与材料的孔隙结构有关。不同类型碳具有不同的孔隙结构，因此具有不同的抗渗透性能。电解条件下，碳素材料抗碱金属渗透力从大到小依次为：石墨 > 电煅无烟煤 > 气煅无烟煤 > 冶金焦、石油焦[158]。石油焦相比其他碳材料，具有较多的孔隙，电解过程中容易遭受碱金属和电解质渗透并引起膨胀，因而采用它制备的 TiB_2 – C 复合阴极材料的电解膨胀率相对其他复合阴极而言比较大。而石墨具有很好的层状结构，抗渗透性能优异，因而以其为碳质骨料所制备的 TiB_2 – C 复合阴极所表现出的电解膨胀率大幅度降低。

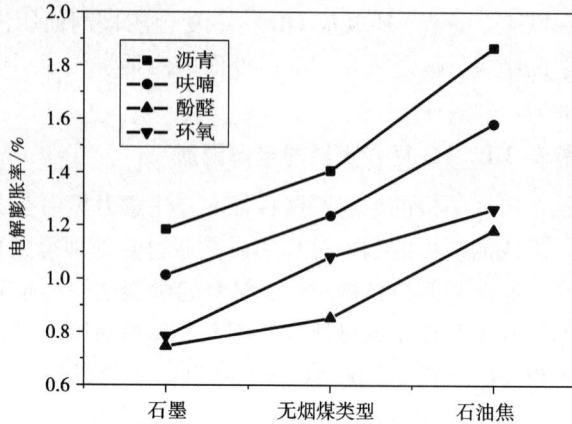

图 4 – 10　不同碳质骨料 TiB_2 – C 复合阴极电解膨胀率

3. 不同热处理温度 TiB_2 – C 复合阴极的电解膨胀

焙烧过程实际上是将压型后的阴极生坯在隔绝空气的条件下进行热处理，使黏结剂发生热分解、半焦化和焦化，最终形成目标体的过程，其对于阴极成品的理化性质有着重要影响[102]。影响焙烧工艺的主要因素包括：焙烧炉温度的均一性、合理的升温制度以及焙烧温度。在焙烧炉和升温速率确定的情况下，最终的焙烧温度便成了影响阴极性能的最重要因素[159]。图 4 – 11 所示为不同焙烧温度条件下 TiB_2 – C 复合阴极的电解膨胀率曲线。从图中可以看出，无论使用何种黏结剂，随着焙烧温度的提高，阴极的电解膨胀率逐渐降低。以沥青、呋喃、酚醛、环氧为黏结剂，1000℃ 条件下，阴极的电解膨胀率分别为：1.87%、1.58%、1.18% 和 1.26%。而 1400℃ 条件下，阴极的电解膨胀率分别为：0.89%、0.73%、0.70% 和 0.71%。降幅分别达到：52.15%、53.94%、40.72%、43.99%。在所有阴极试样中，以沥青为黏结剂，1000℃ 条件下所制备的复合阴极的电解膨胀率最大，而以酚醛为黏结剂，1400℃ 条件下所制备的复合阴极的电解膨胀率最小。

石油焦是一种可石墨化的碳，其含碳量高，灰分含量低，真密度大，电阻率低，热膨胀系数小，易石墨化且石墨化过程与温度关系密切。一般来说，热处理温度越高，石油焦的石墨化度也越高。本实验中，随着焙烧温度的升高，石油焦的石墨化程度得以提高，这使得电解过程中，材料所表现出的抗渗透性能也得到提高[99, 112]。

从图 4 – 11 中还可以看到，随着热处理温度的升高，不同黏结剂所制备的 TiB_2 – C 复合阴极的电解膨胀率之间的差别逐渐减小，在 1400℃ 的条件下，以呋喃、酚醛、环氧为黏结剂所制备的复合阴极的电解膨胀率基本相同。这主要是因为，在较高的热处理温度条件下，碳质黏结剂的微观结构趋于一致。尤其是作为

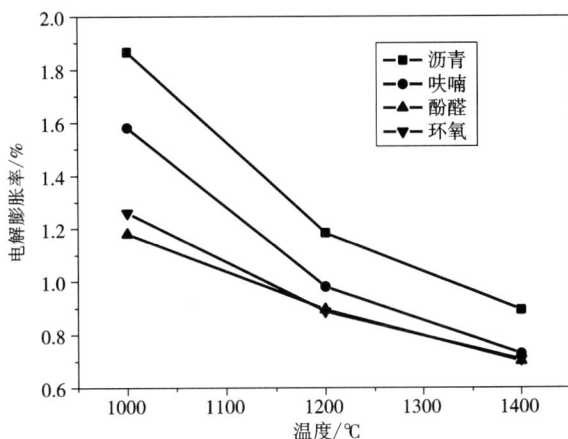

图 4 − 11　不同热处理温度 $TiB_2 − C$ 复合阴极电解膨胀率

同一类型碳质黏结剂的呋喃、酚醛、环氧，在 1400℃的条件下，它们的微观结构大体相同，因而，以其制备的复合阴极便表现出了相同的电解膨胀率。

4.5　阴极的低温电解腐蚀行为

上节中对碱金属渗透所引起的阴极电解膨胀的研究，从"量"的角度出发，讨论了不同阴极抗碱金属侵蚀能力，但受限于阴极的尺寸，并没有对$[K_3AlF_6/Na_3AlF_6]−AlF_3−Al_2O_3$ 熔体中碱金属在阴极中的渗透速率进行讨论，而其作为评价阴极性能好坏的重要指标又是不可或缺的。此外，除了碱金属渗透进入阴极，形成插层化合物会对阴极产生破坏作用以外，Al_4C_3 的生成与溶解也会影响到阴极的使用寿命，对于 $TiB_2−C$ 复合阴极，这一点尤为突出。经过焙烧以后的 $TiB_2−C$ 复合阴极的主要成分为 TiB_2、碳质骨料和黏结剂结焦碳，其中的 TiB_2 具有较好耐腐蚀性能，碳质骨料由于经过了高温热处理，其在铝液中也具有较好的稳定性，这使得电解过程中，$TiB_2−C$ 复合阴极中的黏结剂结焦碳成为它的薄弱环节，容易遭受侵蚀，其遭受侵蚀的主要形式便是生成 Al_4C_3。虽然 Al_4C_3 的生成不会直接导致阴极结构性能的降低，但是 Al_4C_3 的反复生成与溶解却会导致复合阴极中碳质组分的消耗，尤其是黏结剂结焦碳的消耗。一旦黏结剂结焦碳被消耗掉，复合阴极中的骨料组分便会发生脱落，最终导致阴极的破损[160]。因此，为了全面评价 $TiB_2−C$ 复合阴极的耐腐蚀性能，采用大尺寸复合阴极所进行的电解实验研究是十分必要的。

1.不同黏结剂基 $TiB_2−C$ 复合阴极电解腐蚀行为

（1）不同黏结剂基 $TiB_2−C$ 复合阴极抗渗透性能

电解过程中，由于阴极的极化作用，碱金属 K、Na 会在阴极表面析出。这部分碱金属会渗透进入阴极内部,与阴极当中的碳质组分发生反应,生成碱金属插层化合物[$C_xM(K、Na)$],这种化合物很不稳定,极易与空气中的水分反应形成氢氧化钠。因此,可以采用酚酞测试法来测定碱金属的渗透前沿,并计算相应的碱金属渗透速率[161]。图4-12所示为沥青、呋喃、酚醛、环氧基 TiB_2-C 复合阴极剖面碱金属渗透前沿的测试结果。

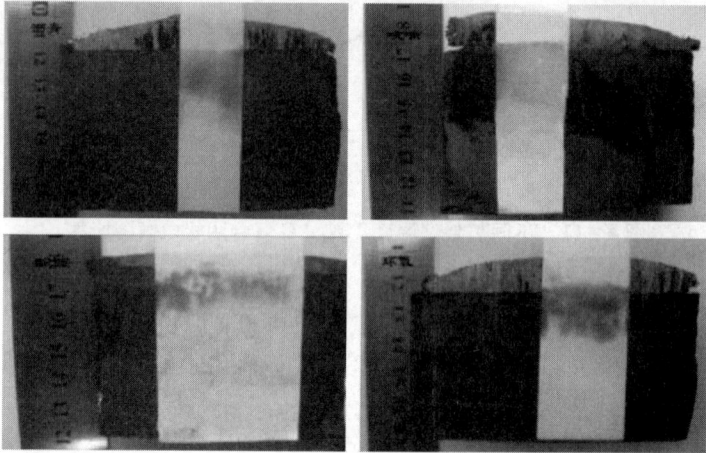

图4-12 不同黏结剂基 TiB_2-C 复合阴极剖面碱金属渗透前沿

表4-3为沥青、呋喃、酚醛和环氧基 TiB_2-C 复合阴极中碱金属的渗透深度和渗透速率。从表中可以看出,碱金属的渗透速率从小到大依次为酚醛树脂、环氧树脂、呋喃树脂和沥青。树脂基 TiB_2-C 复合阴极中碱金属的渗透速率均小于沥青基 TiB_2-C 复合阴极中碱金属的渗透速率,说明树脂基 TiB_2-C 复合阴极的抗渗透性能均优于沥青基 $2TiB_2$-C 复合阴极。此外,就树脂基 TiB_2-C 复合阴极而言,碱金属在酚醛基 TiB_2-C 复合阴极中的渗透深度及渗透速率最小,与沥青基 TiB_2-C 复合阴极相比,均下降了55.47%,说明酚醛基 TiB_2-C 复合阴极的抗碱金属渗透能力最强。

表4-3 碱金属在不同种类阴极中的渗透深度及渗透速率

	沥青	呋喃	酚醛	环氧
渗透深度/mm	26.5	21.5	11.8	13.5
渗透速率 mm·h^{-1}	10.6	8.60	4.72	5.40

沥青属于易石墨化碳材料，热解过程中所生成的孔隙多为中孔或大孔[101]，碳化后呈现乱层石墨结构，这使得电解过程中，电解质和碱金属较易渗透进入其中。而呋喃、酚醛和环氧等树脂属于难石墨化碳材料，热解过程所生成的孔隙多为纳米级微孔，且随焙烧温度的升高，其内部出现交联现象，形成一种刚性的三维网络结构，电解质和碱金属渗入其中的难度较大。宏观上则表现为，电解后树脂基 $TiB_2 - C$ 复合阴极有着比沥青基 $TiB_2 - C$ 复合阴极更强的抗渗透能力。渗透速率越大，碱金属对阴极的破坏力就越强，因而，相比之下，酚醛基 $TiB_2 - C$ 复合阴极的抗碱金属渗透能力最强。

（2）不同黏结剂基 $TiB_2 - C$ 复合阴极的腐蚀率

电解过程中，铝液和阴极界面处会由于发生式（4-1）所示的反应而生成 Al_4C_3[162]；此外，电解质与铝液界面处所生成的碱金属 K、Na 会经过阴极表面的铝液层，扩散至铝液与阴极界面处，并进一步渗透至阴极当中，这部分碱金属 K、Na 除部分与阴极当中的碳质组分发生反应生成插层化合物 $[C_xM(K、Na)]$ 之外，还有一部分则会与阴极当中的碳质组分发生式（4-2）所示的反应，

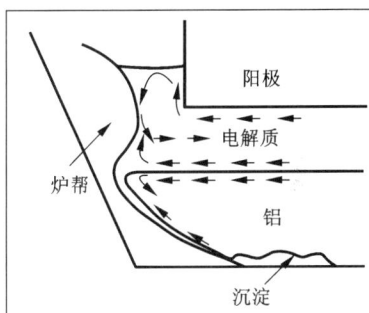

图4-13 电解过程中熔体的流动

这同样会导致 Al_4C_3 的生成。虽然 $TiB_2 - C$ 复合阴极与铝液具有良好的润湿性，但在极化条件下，阴极表面的铝液仍存在一定程度的波动（见图4-13）[163]，致使部分电解质仍然会到达铝液与阴极的界面处，发生反应式（4-3）所示的反应，造成碳质组分的消耗。阴极当中含量最多，最易与碱金属 K、Na 发生反应的便是黏结剂的结焦碳，当黏结焦发生式（4-1）或（4-2）所示的反应之后，就会造成一部分 TiB_2 颗粒脱落并进入阴极铝中，引起其中 Ti 含量的上升及复合阴极的冲蚀。

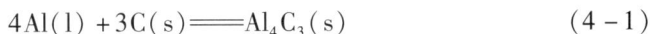

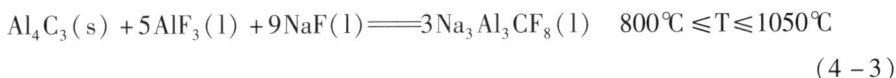

$$4Al(l) + 3C(s) = Al_4C_3(s) \qquad (4-1)$$

$$4Na_3AlF_6(l) + 12Na(l) + 3C(s) = Al_4C_3(s) + 24NaF(s) \qquad (4-2)$$

$$Al_4C_3(s) + 5AlF_3(l) + 9NaF(l) = 3Na_3Al_3CF_8(l) \quad 800℃ \leqslant T \leqslant 1050℃$$

$$(4-3)$$

表4-4所示为不同黏结剂基 $TiB_2 - C$ 复合阴极的电解腐蚀率及相关参数。从表中可以看出，沥青基 $TiB_2 - C$ 复合阴极的腐蚀率最高，达到了 $7.29 \ mm \cdot a^{-1}$；而树脂基 $TiB_2 - C$ 复合阴极的耐腐蚀性能优于沥青基 $TiB_2 - C$ 复合阴极的耐腐蚀性能，其中又以酚醛基 $TiB_2 - C$ 复合阴极的腐蚀率最低，为 $2.31 \ mm \cdot a^{-1}$，仅为沥青基 $TiB_2 - C$ 复合阴极腐蚀率的 31.69%。

表 4 – 4 不同黏结剂基 TiB_2 – C 复合阴极腐蚀率及其相关参数

项　目	w_a/g	$c_a/\mu g \cdot g^{-1}$	w_b/g	$c_b/\mu g \cdot g^{-1}$	h/mm	W_{loss} /mm $\cdot$ a^{-1}
沥　青	109.81	47	122.61	214	51	7.29
呋喃树脂	109.52	47	121.92	178	52	5.84
酚醛树脂	110.00	47	122.9	101	47	2.31
环氧树脂	110.35	47	122.85	121	40	2.63

电解过程中,对不同黏结剂基 TiB_2 – C 复合阴极而言,其中的碳质组分与铝液接触并发生式(4 – 1)或式(4 – 2)所示反应的几率是相等的;同时,各类复合阴极中的碳质骨料完全相同,因而,腐蚀率之间的差异,主要由不同黏结焦的抗渗透能力大小引起的,其抗渗透能力越差,阴极所渗入碱金属的量就越多,与碳反应生成 Al_4C_3 的量也就越大,宏观上则表现为阴极腐蚀率较高。反之,当黏结焦的抗渗透力较强时,阴极所渗入碱金属的量就越少,与碳反应生成 Al_4C_3 的量也就越小,宏观上则表现为阴极腐蚀率较低。由上小节中的讨论可知,沥青基 TiB_2 – C复合阴极的抗碱金属渗透能力最差,而酚醛基 TiB_2 – C 复合阴极的抗碱金属渗透能力最强,因而,在腐蚀率上,则表现为沥青基 TiB_2 – C 复合阴极的腐蚀率最大,酚醛基 TiB_2 – C 复合阴极的腐蚀率最小。

(3)电解后 TiB_2 – C 复合阴极剖面元素微区分析

图 4 – 15 所示为电解后不同黏结剂基 TiB_2 – C 复合阴极剖面由上至下不同区域(a, b, c, d, …, h, i, j 点,见图 4 – 14)元素 K、Na 的质量百分含量。其中 a 点至 f 点之间,各点的间隔距离为 2 mm,f 点之后,各点的间隔距离为 4 mm。从图中可以看出,无论使用何种黏结剂,元素 K、Na 均不同程度地渗透进入了阴极

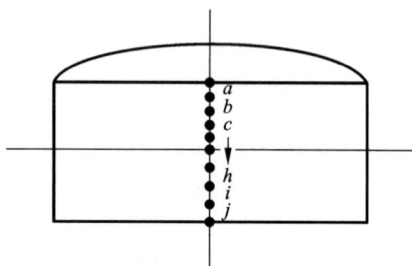

图 4 – 14 电解后阴极剖面分析部位示意图

内部,渗入量最大的是沥青基 TiB_2 – C 复合阴极,其中元素 Na 的平均渗入量为 1.36%,元素 K 的平均渗入量为 2.36%。树脂基 TiB_2 – C 复合阴极中,元素 K、Na 的渗入量普遍较小,其中,酚醛基 TiB_2 – C 复合阴极的渗入量最小,元素 Na 的平均渗入量为 0.21%,元素 K 的平均渗入量为 0.66%。从上至下,阴极中元素 K、Na 的含量逐渐降低,同一区域处,元素 K 的含量大于元素 Na 的含量。

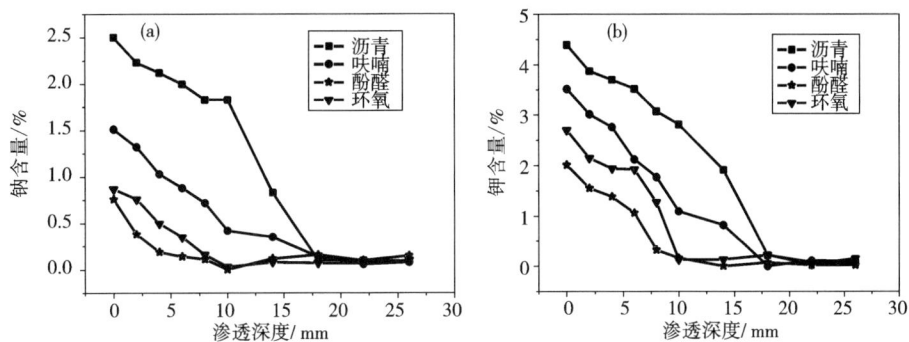

图 4 – 15　电解后各阴极剖面不同区域元素 K、Na 含量

(a)钠元素的渗透；(b)钾元素的渗透

电解过程中，元素 K、Na 会以两种存在形式渗透进入阴极内部，一种是各种盐中所存在的离子形式，另一种则是碱金属的形式[164]。以碱金属形式存在的 K、Na 又会从两个方面综合作用，对阴极的耐腐蚀性能产生影响。一方面，碱金属 K、Na 会与复合阴极中的碳质组分反应生成相应的插层化合物[$C_xM(K、Na)$]，引起复合阴极的膨胀。另一方面，碱金属 K、Na 的渗入会引起复合阴极的冲蚀，这主要是因为在有 C 存在的条件下，碱金属 K、Na 会与 K_3AlF_6 或 Na_3AlF_6 作用生成 Al_4C_3，它的不断溶解便引起铝电解阴极的冲蚀。由图 4 – 15 可知，沥青基 TiB_2 – C 复合阴极中元素 K、Na 的渗入量较多，K、Na 对其所造成的影响也较大，说明沥青基 TiB_2 – C 复合阴极的耐腐蚀性能较差。而树脂基 TiB_2 – C 复合阴极中元素 K、Na 的渗入量普遍较少，其中酚醛基 TiB_2 – C 复合阴极中的 K、Na 渗入量最少，因而 K、Na 对其所造成的影响也最小。这说明树脂基 TiB_2 – C 复合阴极，尤其是酚醛基 TiB_2 – C 复合阴极的耐腐蚀性能较好。此外，由于碱金属 K 渗透进入阴极所形成的插层化合物多为低阶，而碱金属 Na 渗透进入阴极所形成的插层化合物多为高阶，这使得在同一区域，元素 K 的含量普遍高于元素 Na 的含量。

(4) TiB_2 – C 复合阴极铝液润湿性及阴极 – 铝液界面分析

图 4 – 16 所示为电解后阴极试样轴向剖面形貌。从图中可以看出，不同黏结剂基 TiB_2 – C 复合阴极电解后均能保持完整，表面无破损，无裂纹，内部未见明显的电解质渗透。同时可以看出，不同黏结剂基 TiB_2 – C 复合阴极表面均紧紧覆盖着一层穹庐状铝液，铝液和阴极之间相互渗透，与碳质阴极相比，各 TiB_2 – C 复合阴极均表现出了良好的铝液润湿性[165]，这一方面降低了电解过程中阴极铝的波动，同时也起到了抵御碱金属和电解质渗透的作用。

良好的铝液润湿性是可润湿性阴极所必须具备的基本功能。纯 TiB_2 与金属铝液完全润湿，因此，根据复合材料的理论[166]，只要该复合材料中含有 TiB_2，其

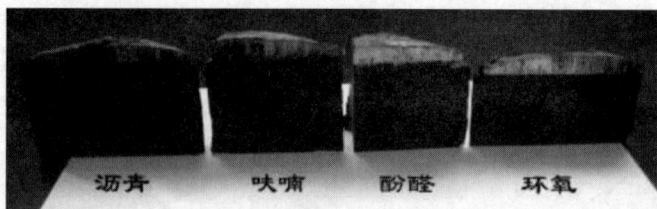

图 4-16 电解后阴极剖面形貌

与铝液的润湿性就会得到改善。本实验所制备的阴极，在未进行热处理之前，生坯中 TiB_2 的含量均已达到了75%，而在阴极生坯热处理的过程中，不同种类的黏结剂均存在着一定的热分解，这使得热处理后的阴极中，TiB_2 的含量将超过75%，因此，本实验所制备的 TiB_2 – C 复合阴极与铝液均有着良好的润湿性，这与国内外有关学者的研究结果类似。同时也可以看出，在 TiB_2 含量一定的条件下，TiB_2 – C 复合阴极的铝液润湿性与黏结剂的种类无关。

图 4-17 所示为电解后 TiB_2 – C 复合阴极与铝液之间的界面层。从图中可以看出，不同黏结剂基 TiB_2 – C复合阴极与铝液之间的界面层均出现了少量的黄色物质 Al_4C_3。

可以看出，无论使用何种黏结剂，Al_4C_3 的生成都是不可避免的。然而，相对于碳质阴极而言，

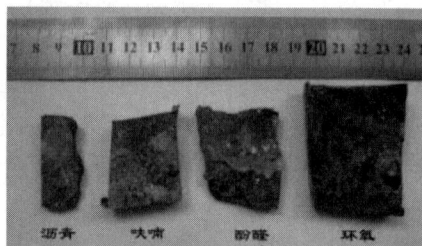

图 4-17 电解后金属铝与阴极界面层

TiB_2 – C复合阴极表面所生成的这部分碳化铝，并不会对阴极的耐腐蚀性能产生极端的影响，这主要得益于 TiB_2 – C 复合阴极所具有的良好的铝液润湿性。

Al_4C_3 对阴极耐腐蚀性能所产生的影响，主要在于其不断的溶解。对于碳素阴极而言，由于其与铝液的润湿性较差，电解过程中，部分电解质会到达阴极与铝液的界面层，这部分电解质当中的一些组分将会与 Al_4C_3 发生反应[见式(4-3)]，造成 Al_4C_3 的溶解。Al_4C_3 的不断溶解会使反应方程式(4-1)和式(4-2)向右移动，生成更多量的 Al_4C_3，周而复始，便会引起 TiB_2 – C 复合阴极中碳质黏结剂及骨料的蚀损，导致阴极遭到侵蚀。

对于沥青、呋喃、酚醛和环氧基 TiB_2 – C 复合阴极而言，由于其具有良好的铝液润湿性，电解过程中，虽然不可避免地生成了 Al_4C_3，但这部分 Al_4C_3 并不会溶解至铝液之中，也不会与铝液发生反应。同时，良好的铝液润湿性也使得到达铝液与阴极界面层间的电解质非常有限。当界面层间生成的 Al_4C_3 积累达到一定量时，反应方程式(4-1)和式(4-2)即达到平衡，不会再生成更多的 Al_4C_3。因

而，对于沥青、呋喃、酚醛和环氧基 $TiB_2 - C$ 复合阴极而言，Al_4C_3 的生成及其对阴极耐腐蚀性能的影响是非常有限的。

2. 不同骨料 $TiB_2 - C$ 复合阴极电解腐蚀行为

（1）不同骨料 $TiB_2 - C$ 复合阴极抗渗透性能

图 4 - 18 所示为不同骨料 $TiB_2 - C$ 复合阴极剖面碱金属渗透前沿的测试结果，具体的渗透深度和渗透速率如表 4 - 5 所示。可以看出，无论使用何种碳质骨料，碱金属在阴极中的渗透速率相差不大，也就是说，骨料种类并没有对阴极中碱金属的渗透速率产生影响。

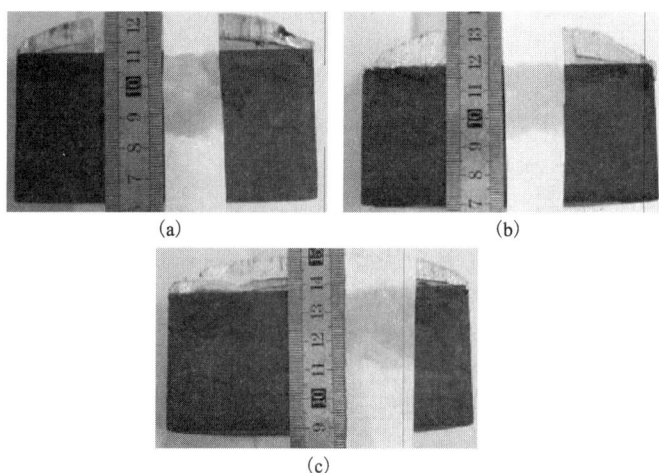

图 4 - 18 不同骨料 $TiB_2 - C$ 复合阴极剖面碱金属渗透前沿

（a）石油焦基 $TiB_2 - C$ 复合阴极；（b）石墨基 $TiB_2 - C$ 复合阴极；（c）无烟煤基 $TiB_2 - C$ 复合阴极

表 4 - 5 碱金属在不同骨料复合阴极中的渗透深度及渗透速率

碳质骨料类型	石油焦	石墨	无烟煤
渗透深度/mm	28	25.5	27
渗透速率/mm·h^{-1}	11.2	10.2	10.8

虽然在黏结剂体系、TiB_2 含量以及材料制备工艺相同的条件下，不同的碳质骨料会导致复合阴极电解膨胀率的不同，但决定阴极中碱金属渗透速率的主要因素是黏结剂，而不是碳质骨料。与碳质骨料相比，黏结剂结焦碳所经受的热处理温度较低[167]，同时，黏结剂结焦碳当中还存在一定量的孔隙，相比之下，碱金属更加容易通过其进行渗透，也就是说，黏结剂结焦碳组分构成了碱金属渗透的通

道。本实验所使用的复合阴极，虽然碳质骨料不同，但是黏结剂相同，均为沥青，因而出现了上述的实验结果。

此外，从图 4-18 中还可以看出，电解后，不同骨料 TiB_2-C 复合阴极表面均覆盖着一层厚厚的铝液，复合阴极与铝液的润湿性良好，这说明骨料的种类并不影响复合阴极与铝液的润湿性。

（2）不同骨料 TiB_2-C 复合阴极的腐蚀率

表 4-6 所示为不同骨料 TiB_2-C 复合阴极的电解腐蚀率及相关参数。从表中可以看出，无论使用何种碳质骨料，TiB_2-C 复合阴极的腐蚀率大体相同，分别为 7.14 mm·a^{-1}，7.19 mm·a^{-1} 和 7.22 mm·a^{-1}，结合不同黏结剂 TiB_2-C 复合阴极腐蚀率的测试结果，可以看出，阴极的腐蚀率大小取决于黏结剂组分，而受骨料种类的影响不大。对比分析 TiB_2-C 复合阴极中的各组分，不难发现，黏结剂是复合阴极中的薄弱环节，电解过程中容易遭受碱金属的侵蚀。从上小节中的实验结果可以看出，碱金属的渗透主要发生于阴极的黏结剂组分中，电解过程中，一旦黏结剂遭受侵蚀，作为骨料相的 TiB_2 便会发生脱落，阴极随即发生破损，这一过程受碳质骨料的影响较小，因为碳质骨料的腐蚀与 TiB_2 的脱落之间没有必然的联系。虽然本实验中复合阴极的碳质骨料不同，但所使用的黏结剂均为沥青，因此，所获得的阴极腐蚀率的测试结果相差不大。由此也说明，电解过程中，造成复合阴极腐蚀的主要因素是黏结剂而不是碳质骨料。

表 4-6　不同骨料复合阴极的腐蚀率及其相关参数

项　　目	w_a/g	c_a/μg·g^{-1}	w_b/g	c_b/μg·g^{-1}	h/mm	W_{loss} /mm·a^{-1}
石　墨	127.85	53	141.28	194	51	7.14
石油焦	130.56	53	146.06	187	52	7.19
无烟煤	128.70	53	141.29	202	49	7.22

其中，W_{loss} 为阴极腐蚀率（mm·a^{-1}）；w_b 为电解后阴极铝的质量；c_b 为电解后阴极铝中 Ti 含量；w_a 为电解前阴极铝的质量；c_a 为电解前阴极铝中 Ti 含量；h 为阴极试样的高度。

（3）电解后不同骨料 TiB_2-C 复合阴极剖面元素微区分析

图 4-19 所示为电解后不同骨料 TiB_2-C 复合阴极剖面由上至下不同区域元素 K、Na 的质量百分含量。从图中可以看出，无论使用何种碳质骨料，元素 K、Na 均不同程度地渗透进入了阴极内部，渗入量最大的是石油焦基 TiB_2-C 复合阴极，其中元素钠的平均渗入量为 1.39%，元素 K 的平均渗入量为 2.41%；而石墨基 TiB_2-C 复合阴极中元素 K、Na 的渗入量最小，其中元素 Na 的平均渗入量为 1.05%，元素 K 的平均渗入量为 1.89%。从上至下，阴极中元素 K、Na 的含

量逐渐减少,同一区域处,元素 K 的含量大于元素 Na 的含量。

　　本节所使用的各复合阴极,唯一不同之处是其中的碳质骨料,因此,出现上述实验结果的主要原因便是石油焦、无烟煤和石墨之间微观结构的不同。相比之下,石油焦中无定型碳和乱层石墨的含量最多,而石墨则具有较好的层状结构,原子排列规则,这导致上述三种材料的抗渗透性能存在差异,即石墨抗渗透性能最好,而石油焦的抗渗透性能最差,最终导致石油焦基 $TiB_2 - C$ 复合阴极中 K、Na 的渗入量最大,而石墨基 $TiB_2 - C$ 复合阴极中 K、Na 的渗入量最小。至于阴极剖面同一区域处所表现出的元素 K 的含量高于元素 Na 的含量的原因与本书 4.5 – 1 节中所述相同,这里便不再赘述。

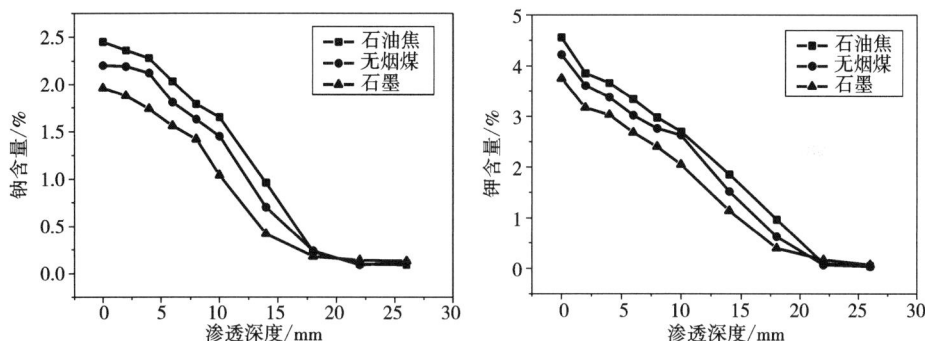

图 4 – 19　电解后各阴极剖面不同区域元素 K、Na 含量

3. 不同焙烧温度 $TiB_2 - C$ 复合阴极电解腐蚀行为

（1）不同焙烧温度 $TiB_2 - C$ 复合阴极抗碱金属渗透性能

图 4 – 20 所示为不同焙烧温度 $TiB_2 - C$ 复合阴极剖面碱金属的渗透前沿,具体的渗透深度和渗透速率如表 4 – 7 所示。从表中可以看出,焙烧温度对复合阴极中碱金属的渗透速率影响明显。随着焙烧温度的升高,碱金属在复合阴极中的渗透速率逐渐减小,说明复合阴极的抗渗透性能随着热处理温度的提高不断增强。经过 1400℃热处理后,复合阴极中碱金属的渗透深度和渗透速率最小,分别为 17.5 mm 和 7 mm · h^{-1},比 1000℃热处理后的复合阴极均降低了 37.5%。

表 4 – 7　碱金属在不同热处理温度复合阴极中的渗透深度及渗透速率

焙烧温度/℃	1000	1200	1400
渗透深度/mm	28	20	17.5
渗透速率/mm · h^{-1}	11.20	8	7

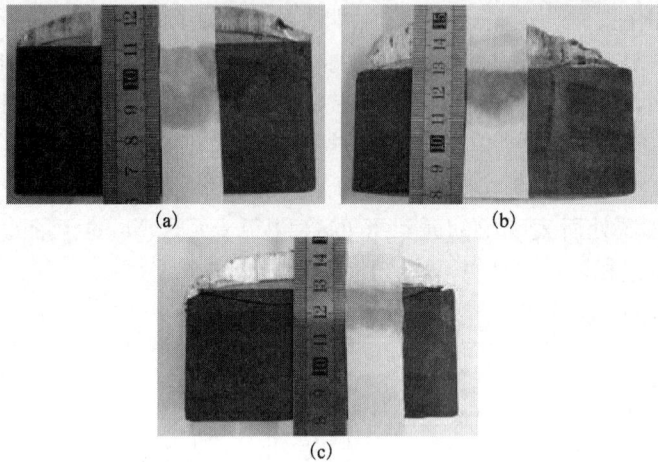

图 4 - 20　不同焙烧温度 $TiB_2 - C$ 复合阴极剖面碱金属渗透前沿

(a)1000℃；(b) 1200℃；(c) 1400℃

　　不同焙烧温度会导致复合阴极中碳质组分微观结构的不同。本实验中所使用的复合阴极，材料组成和阴极生坯的制备工艺完全相同，不同之处在于阴极生坯的热处理温度。随着热处理温度的不断提高，复合阴极中的碳质组分所具有的 sp^2 杂化轨道的碳原子不断增多，随后通过环化、交联、芳构化及缩聚等反应形成许多碳六元环网平面，碳六元环网平面逐渐增大并开始相互平行、等间距堆垛，当焙烧温度足够高时，便出现了石墨晶体结构，如图 4 - 21 所示[168~170]。虽然本实验所使用的最高焙烧温度还不足以使复合阴极中的碳质组分形成石墨晶体，但在实验所使用的焙烧温度范围内，温度越高，复合阴极中碳质组分的微观结构会越趋近于石墨晶体，宏观上则表现为，随焙烧温度的提高，复合阴极便具有更强的抗渗透能力。

　　图 4 - 20 所示的结果还显示，复合阴极的铝液润湿性较好，并且与热处理温度无关，结合相关文献[171]，可以推断，复合阴极的铝液润湿性仅与阴极中 TiB_2 含量的高低有关。

　　(2)不同焙烧温度 $TiB_2 - C$ 复合阴极的腐蚀率

　　表 4 - 8 所示为不同焙烧温度 $TiB_2 - C$ 复合阴极的电解腐蚀率及相关参数。表中数据显示，焙烧温度是影响复合阴极抗渗透能力的重要因素，经过高温焙烧后的 $TiB_2 - C$ 复合阴极的抗渗透能力明显得到优化。1000℃焙烧后复合阴极的腐蚀率最高，为 7.19 mm · a^{-1}；而 1200℃焙烧后复合阴极的腐蚀率优于 1000℃焙

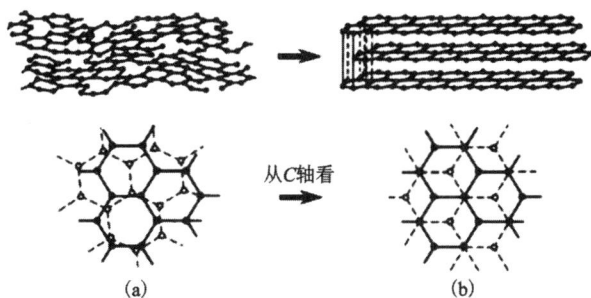

图 4 - 21　复合阴极中碳质组分微观结构的变化

(a)乱层结构；(b)石墨结构

烧后复合阴极的腐蚀率，为 5.43 mm·a^{-1}；至于1400℃焙烧后的复合阴极，其腐蚀率最低，为 3.92 mm·a^{-1}，仅为1000℃焙烧后复合阴极腐蚀率的54.52%。

表 4 - 8　不同焙烧温度 TiB$_2$ - C 复合阴极腐蚀率及其相关参数

项　目	w_a/g	c_a/μg·g^{-1}	w_b/g	c_b/μg·g^{-1}	h/mm	W_{loss} /mm·a^{-1}
1000℃	130.56	53	146.06	187	52	7.19
1200℃	130.45	53	147.08	158	49	5.43
1400℃	127.69	53	142.06	129	50	3.92

焙烧温度的高低会直接影响黏结剂结焦炭的耐腐蚀性能，进而影响复合阴极整体的耐腐蚀性能。焙烧温度越低，黏结焦中乱层石墨的含量越多，电解质和碱金属便更加容易渗入其中，生成 Al$_4$C$_3$ 的几率加大，电解条件下，Al$_4$C$_3$ 的不断溶解所引起的黏结焦的消耗量也增大，这将造成更多功能材料 TiB$_2$ 的脱落，表现为复合阴极的耐腐蚀性能降低。而当焙烧温度较高时，情况与之相反，复合阴极的耐腐蚀性能较好，阴极材料的使用寿命延长[172, 173]。

(3)电解后不同焙烧温度 TiB$_2$ - C 复合阴极剖面元素微区分析

图 4 - 22 所示为电解后不同焙烧温度 TiB$_2$ - C 复合阴极剖面不同区域元素 K、Na 的质量百分含量。从图中可以看出，元素 K、Na 从上至下不同程度地渗透进入了阴极内部，渗入量逐渐减少，同一区域，元素 K 的渗入量大于元素 Na 的渗入量。在所有的阴极试样中，碱金属渗入量最大的是 1000℃ 焙烧后的复合阴极，其中元素 Na 的平均渗入量为 1.42%，元素 K 的平均渗入量为 2.41%；而碱金属渗入量最小的是 1400℃ 焙烧后的复合阴极，其中元素 Na 的平均渗入量为

0.72%，元素 K 的平均渗入量为 1.30%。

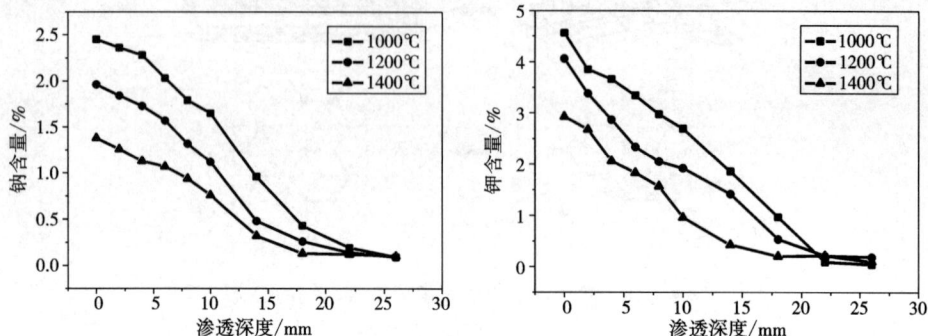

图 4 – 22 不同焙烧温度 TiB_2 – C 复合阴极剖面不同区域元素 K、Na 含量

　　上述实验结果也是由碳化后黏结焦的微观结构的不同所导致的。复合阴极中，元素 K、Na 的渗入量越多，表明阴极的耐腐蚀性能越差，碱金属对阴极所造成的影响也越大。上述结果表明，1000℃焙烧后的复合阴极耐腐蚀性能较差，而 1400℃焙烧后的复合阴极耐腐蚀性能较好。这从不同侧面印证了不同焙烧温度 TiB_2 – C 复合阴极中碱金属渗透深度、渗透速率以及腐蚀率的测试结果。

4.6　阴极抗渗透性能机理研究

1. 不同类型黏结剂结焦过程动力学研究

　　如前所述，阴极生坯在焙烧过程中，由于 TiB_2、石油焦等碳质骨料事先均已经过高温热处理，且高于阴极生坯的焙烧温度，所以可以认为，阴极生坯中除黏结剂以外，其他组分的组成和结构不再发生变化，只是阴极生坯中的黏结剂发生一系列的物理化学变化[174~176]。本章中所使用的黏结剂按照热处理后微观结构的不同可以分为两类：一类是软碳材料（沥青）；另一类则是硬碳材料（呋喃、酚醛、环氧）。它们之间的共同之处是，在焙烧过程中，其结构的变化可分为两个阶段，第一阶段发生在 700℃以下，在这一阶段一些小分子组分如 CH_4、H_2O、CO、CO_2 和 H_2 或发生缩合反应或释放出去，从而确立材料的微观结构并减少基体中 H 和 O 的含量。第二阶段发生在 700℃以上，这一阶段为材料的碳化过程，随着温度的升高，材料的微观结构发生一些变化。不同之处则在于，软碳材料随着热处理温度的升高，逐渐出现了一些层状结构；同时，高温分解过程导致其内部出现一些液相，使得这些层状结构体可以自由移动，并形成一种类晶体球状结构的中间相，这些中间相相互交合，不断增大甚或固化。周而复始，当其大到一定程度时，石墨结构便开始出现。而硬碳材料随着温度的升高出现一种交联现象，形成一种刚性的三维网络结构。这种交联现象促使了随机的层堆垛，进而致使一些"纳米孔"的形成。而这种纳米级的微孔无论是从抗渗透的角度来说，还是从其对阴极结构强度等方面性能的影响来说都是有益的。可以看出，对阴极电解膨胀性能和耐腐蚀性能影响最大的因素是黏结剂，这种影响可能是结构和化学两方面的综合作用，而复合阴极的结构又受到阴极生坯焙烧过程的影响。为从结构方面深入解释不同类型黏结剂对复合阴极电解膨胀性能和耐腐蚀性能的影响，可以借助热重法(TG)对黏结剂的热处理过程进行动力学分析。

　　图 4 - 23 所示为相同实验条件下，沥青、呋喃、酚醛和环氧等黏结剂的 TG 曲线。可以看出，各试样的 TG 曲线都有一定的相似性，由于水分及一些小分子化合物的挥发，各个试样均有一段较大的失重区间，随后，试样的失重速率大幅降低，各黏结剂发生快速聚合反应，生成结焦碳，在此基础上，异类原子和基团将从黏结焦大分子外围排除，并使分子发生重排。

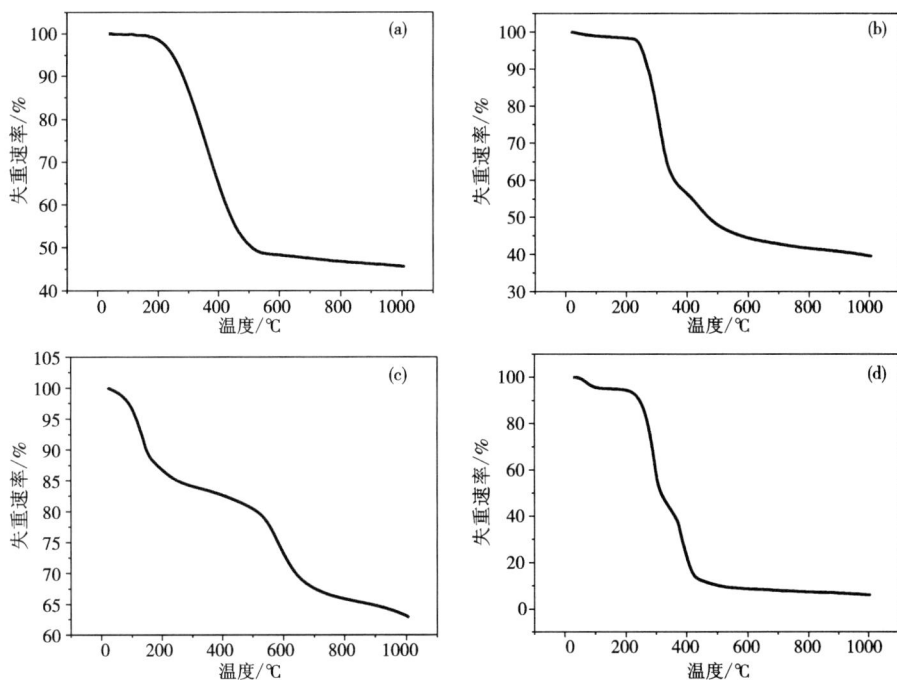

图 4 - 23　黏结剂在氩气保护下的 TG 曲线

(a)沥青；(b)呋喃；(c)酚醛；(d)环氧

黏结剂的热处理过程较为复杂，难以用一个简单的动力学模型来描述。但是我们只是通过对黏结剂试样的热失重过程进行动力学分析，以便对各黏结剂的热解过程进行探讨，因而可以借鉴相关的热分解反应动力学方程和研究方法。根据文献[177~180]，若将黏结剂热解过程分为 8 级，对图 4 - 23 所得结果进行处理便可以得到图 4 - 24 所示的 $\ln\{-[1-(1-\alpha)^{-7}]T^{-2}/7\}$—$1/T$ 曲线。对图 4 - 24 中热解过程区域的数据进行线性拟合，根据所得直线的斜率可求出各黏结剂的热解过程表观活化能，由 E 表示。沥青、呋喃、酚醛、环氧的热解活化能分别列于表 4 - 9中。

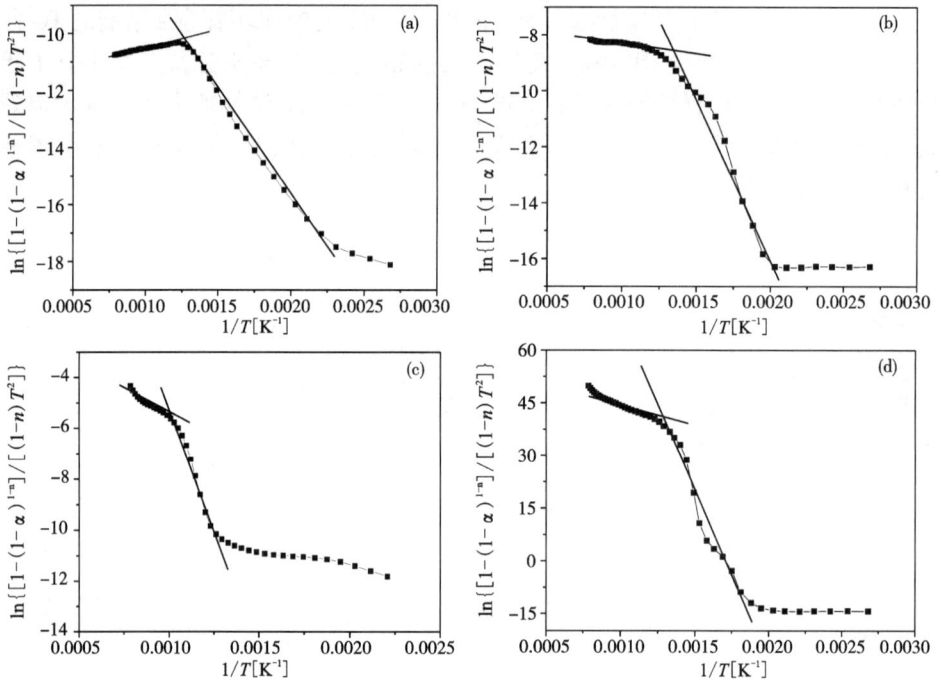

图 4 - 24　不同黏结剂 $\ln\{-[1-(1-\alpha)-7]T^{-2}/7\}-1/T$ 曲线

(a)沥青；(b)呋喃；(c)酚醛；(d)环氧

表 4 - 9　沥青、呋喃、酚醛、环氧热解过程表观活化能

种类	沥青	呋喃	酚醛	环氧
$E/(\text{kJ} \cdot \text{mol}^{-1})$	47.21	93.11	178.11	780.32

黏结剂的热解过程实质上就是获得最致密残余物的过程。芳香结构是最密实而又最牢固的结构，所以，所有热解过程都是不挥发性残渣的芳构化过程。热解

过程中，黏结剂进行大量复杂的分解、聚合、环化和芳构化反应，使黏结剂转化为黏结焦。其中的分解和聚合反应是平行进行的，由于分子的热分解，在断裂处就存在不成对的电子，这种具有不成对电子的分子相互接触时就容易聚合起来，它们又在更高的温度下把外围的异类原子或基团分解出来，再度与其他具有不成对电子的分子聚合，这样不断地聚合和分解下去，联接最牢固的分子就在未挥发残渣中集积，进而生成巨大的平面分子。不同黏结剂经过热解后，所获得的黏结焦的结构有所不同，这主要与黏结剂热解过程表观活化能有关，热解活化能越高，黏结剂的耐热性越强，热解过程较为困难，其中的异类原子便难以排出，这将促使复合阴极中骨料表面与黏结剂间横向键的形成，平面分子的定向排列被抑制，导致黏结剂提前固化甚至不出现液相而直接转化成黏结焦，所形成的黏结焦的微观结构如图 4 – 25(a)所示。热解活化能越低，黏结剂的耐热性越差，热解过程越容易进行，异类原子排除充分，随着芳香环不断化合成多环缩聚结构，平面原子层便形成了，碳原子紧密地分布在六角形的各角中。由于明显的不等轴性，这些层很容易互相平行取向，使得分子结构继续密实，因而形成堆积的原子层状结构，如图 4 – 25(b)所示。

图 4 – 25(b)属于层状结构扩展过程中的碳，电解过程中，碱金属和电解质可以很容易地渗入其中，造成阴极的腐蚀。而图 4 – 25(a)属于芳香族架桥结构及含有四面体碳的三度结构的碳，碱金属和电解质较难渗透进入这种结构，因此，对其的侵蚀作用也相对较小。

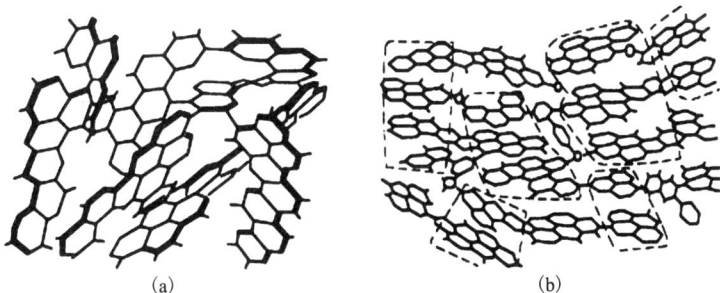

图 4 – 25　碳质材料母体结构图
(a)三维无秩序结构的碳的母体模型；(b)定向性很好的易于石墨化的碳的母体模型

　　结合表 4 – 9 的数据，可以看出，黏结剂热解活化能从大到小依次为：环氧树脂、酚醛树脂、呋喃树脂和沥青。这说明在不考虑黏结剂使用量的情况下，以树脂为黏结剂所制得的复合阴极将具有较强的耐腐蚀性能，而以沥青为黏结剂所制得的复合阴极的耐腐蚀性能相对较差。

2. 不同种类黏结剂的结焦结构

图4-26所示为不同黏结剂的XRD图谱,所有试样的XRD分析均是在相同条件下进行的。随后,由(002)衍射峰,结合谢乐公式便可得到所需的XRD图谱的基本参数,列于表4-10中。

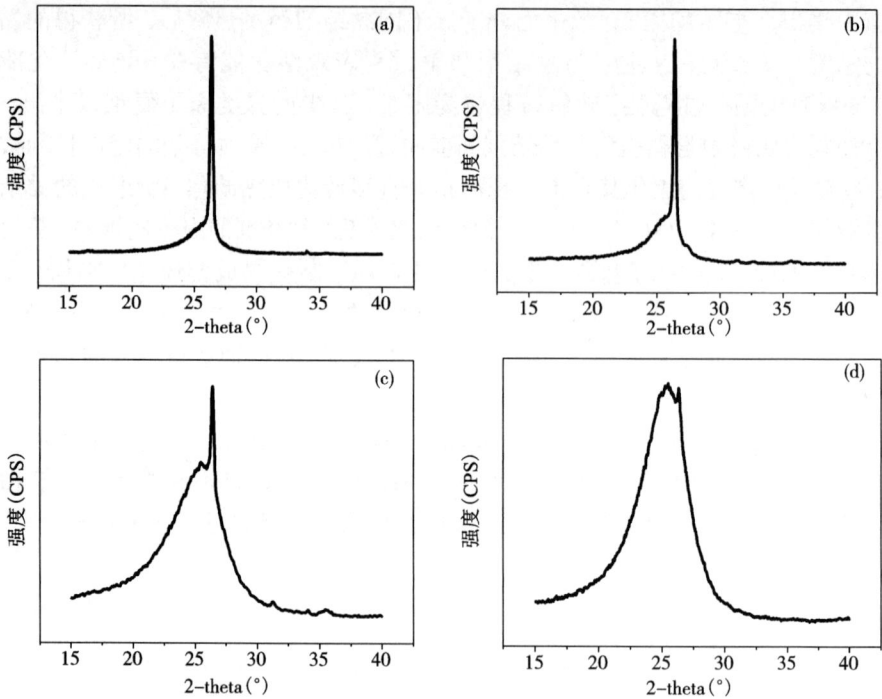

图4-26 不同黏结剂的XRD图谱

(a)沥青;(b)呋喃;(c)酚醛;(d)环氧

表4-10 各试样XRD图谱基本参数

种类	2-Theta(°)	$d_{002}(\text{Å})$	XS(Å)	结晶度/%
沥青	26.409	3.3721	366	28.69
呋喃	26.447	3.3673	421	25.01
酚醛	26.435	3.3689	352	11.86
环氧	25.686	3.4654	18	×

其中:d_{002}为晶面间距值;XS为晶粒尺寸;Crystallinity为试样的石墨化度。

无定型碳的石墨化过程并非突变,碳质材料在1000~3000℃的范围内,理化性质均逐渐发生变化[181]，从结晶学的角度来说，主要是由于碳的结构发生了改变。碳经过高温热处理，晶格常数 C_0 减少，a 轴和 c 轴的微晶也随同增大，趋近于天然石墨。从表 4 - 10 中可以看出，经过高温热处理之后，沥青、呋喃、酚醛的石墨化度分别为 28.69%、25.01% 和 11.86%。而环氧树脂碳化后所得的黏结焦中并没有石墨结构组分。相比之下，沥青属于易石墨化碳质材料，而呋喃、酚醛和环氧属于难石墨化碳质材料，但难石墨化并不等于不可石墨化。这样一来，表 4 - 10 中所出现的结果就不难理解。然而，问题在于，为什么沥青的石墨化程度最高，但其抗碱金属侵蚀能力最差？要解释这个问题，首先需要对不同温度条件下，沥青的微观结构进行分析。

随着热处理温度的升高，沥青微观结构的变化如图 4 - 27 所示[181, 182]，材料微观结构的变化大致可以分为四个区域：a、b、c、d。其中：a 区域为完全没有石墨化的结构；b、c 区域为乱层石墨结构区域，b 区域乱层石墨的含量高于 c 区域；d 为石墨化结构区域。在这四个区域中，就材料的电解膨胀性能而言，乱层石墨结构的 b、c 区域最差；而就材料的耐腐蚀性能而言，a、b、c 区域均较差。本实验对沥青进行热处理时所使用的温度为 1000℃，这时沥青的微观结构处在由 a 向 b 的过渡区域。当材料的微观结构处于这一区域时，不言而喻，材料的耐腐蚀性能较差，电解过程中，具有这种结构的碳材料会在碱金属的作用下与电解质发生反应生成 Al_4C_3。而对于材料的电解膨胀性能而言，具有如 b 所示结构的碳材料比具有如 a 所示结构的碳材料更差。因为，在 a 区域中，根本没有石墨片层结构，即使碱金属渗透进入，材料也不具备发生膨胀的前提条件，因而，当材料的微观结构由 a 区域向 b 区域过渡时，材料的电解膨胀性能反而会变差。这也就说明了，虽然本实验中经 1000℃ 热处理后的沥青焦有 28.69% 的石墨化度，但其电解膨胀性能仍然很差。

而呋喃、酚醛、环氧等树脂黏结剂等的石墨化度虽然低，但其抗碱金属侵蚀能力较高，因为，一方面，树脂类黏结剂碳化后，将会出现如图 4 - 25(a) 所示的结构，尽管它也属于一种晶体结构，但其并不能体现在由 XRD 所测得的石墨化度当中。其次，树脂焦具有一定的石墨化度，这种片层状石墨结构的存在使得碱金属所引起的材料膨胀成为可能。也就是说，如果树脂焦完全为三维交联结构，它将不具备发生膨胀的前提，仅从电解膨胀的角度来说是有益的，然而测试却显示树脂焦也具有一定的片状石墨结构，这使得膨胀成为可能。但与沥青焦相比，树脂焦的石墨化度较低，这反而使树脂焦的抗碱金属侵蚀能力，尤其是它的电解膨胀性能得以提升。可见，传统意义上所说的随着石墨含量的增大，材料抗渗透力的提高在涉及树脂等难石墨化碳材料时，是有前提条件的，即，在有乱层石墨存在的条件下，或在材料由乱层石墨向石墨结构转变的过程中，石墨化度越高，材料的抗碱金属渗透力便越强。而在材料由无定型结构或其他的完全非石墨化结构

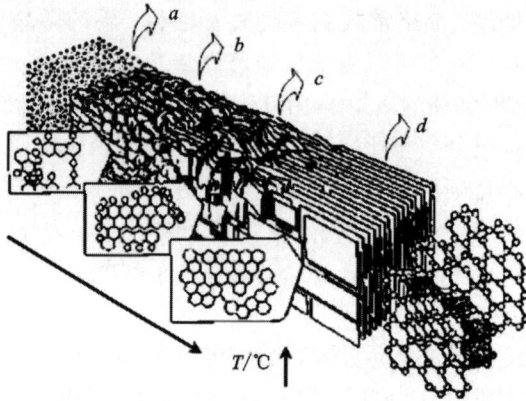

图 4 - 27　不同热处理温度的碳素材料的结构示意图

向乱层石墨结构转变的过程中,其电解膨胀性能反而变差。

　　虽然与沥青相比,树脂黏结剂具有较好的抗碱金属渗透能力,但纯树脂作为黏结剂仍然存在着某些有待解决的问题,首先,树脂的价格较高,是沥青的 4 ~ 8 倍,这对于工业应用来说,成本较高。其次,树脂碳化后将形成芳香族架桥结构及含有四面体碳的三度结构,以其为黏结剂所制得的复合阴极可能会存在脆性大,电阻率高的情况。综合考虑沥青和树脂各自的特点,结合文献报道和本小组其他成员前期的实验,认为使用沥青和树脂复合的改性沥青作为 TiB_2 - C 复合阴极的黏结剂,可以实现沥青与树脂的优势互补,从整体上提高 TiB_2 - C 复合阴极的性能。

4.7　改性沥青基可润湿性阴极的电解膨胀性能

1. 改性沥青基 TiB_2 - C 复合阴极电解膨胀性能

　　图 4 - 28 所示为改性沥青基 TiB_2 - C 复合阴极电解膨胀率曲线。图中数据显示,以 FAP_{12}、PFP_{12} 和 EPP_{12} 为黏结剂制备的 TiB_2 - C 复合阴极电解膨胀率分别为:1.61%、1.62% 和 1.68%,三者相差不大。虽然以不同种类的纯树脂为黏结剂所制备的 TiB_2 - C 复合阴极的电解膨胀率之间相差较大,但受限于改性沥青中树脂的使用量,加之呋喃、酚醛、环氧碳化后微观结构的相似性,因此,以上述三种改性沥青为黏结剂所制备的 TiB_2 - C 复合阴极有着相近的电解膨胀率。

　　从图 4 - 28 中还可以看出,与单纯沥青为黏结剂所制备的复合阴极相比,以 EAP_{12}、PFP_{12} 和 EPP_{12} 为黏结剂制备的 TiB_2 - C 复合阴极均表现出了较小的电解膨胀率，降幅分别为：12.97%、12.43% 和 9.19%，这主要是受树脂碳化后所具有的三维网状结构的影响所致。说明复合黏结剂的使用对于提高材料的抗渗透性能有所帮助。

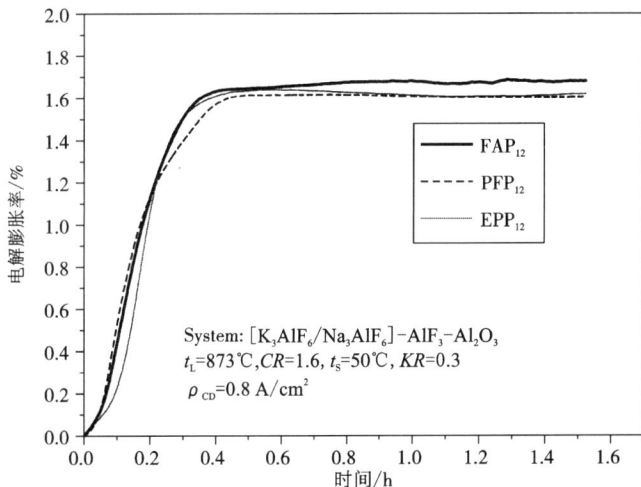

图 4 - 28   改性沥青基 TiB₂ - C 复合阴极的电解膨胀率

2. 改性沥青结焦过程动力学分析

图 4 - 29 所示为相同测试条件下三种改性沥青的 TG 曲线。可以看出，各复合黏结剂的 TG 曲线与纯沥青或纯树脂的 TG 曲线有一定的相似性，在 200 ~ 500℃ 的范围内，各个试样均有一段较大的失重区间，随后，各试样的失重速率大幅降低，逐渐生成结焦碳。

将改性沥青热解过程作为 8 级，对图 4 - 29 所得结果进行处理便可以得到图 4 - 30 所示 $\ln\{-[1-(1-\alpha)^{-7}]T^{-2}/7\}-1/T$ 曲线。

对图 4 - 30 中热解过程区域的数据进行线性拟合，根据所得直线的斜率可求出各黏结剂的热解过程表观活化能，由 E 表示。EAP₁₂、PFP₁₂ 和 EPP₁₂ 的热解活化能分别列于表 4 - 11 中。

表 4 - 11   呋喃改性沥青、酚醛改性沥青、环氧改性沥青的热解过程表观活化能

种类	FAP₁₂	PFP₁₂	EPP₁₂
$E/(\text{kJ}\cdot\text{mol}^{-1})$	66.25	57.07	63.24

从表中数据可以看出，三种复合黏结剂热解过程的表观活化能均处于同一个数量级，相差不大，正好解释了图 4 - 28 所出现的结果。

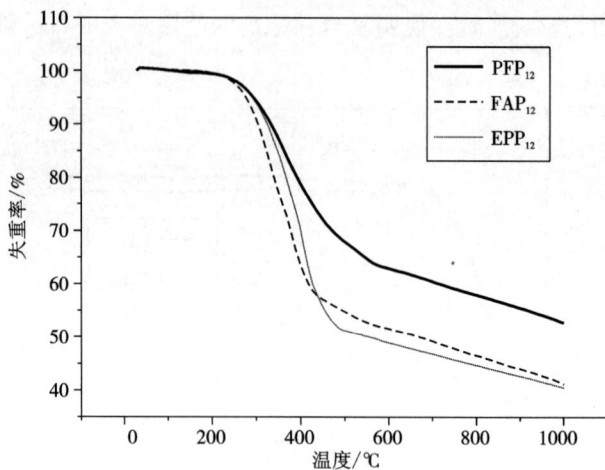

图4-29 黏结剂在氩气保护下的 TG 曲线

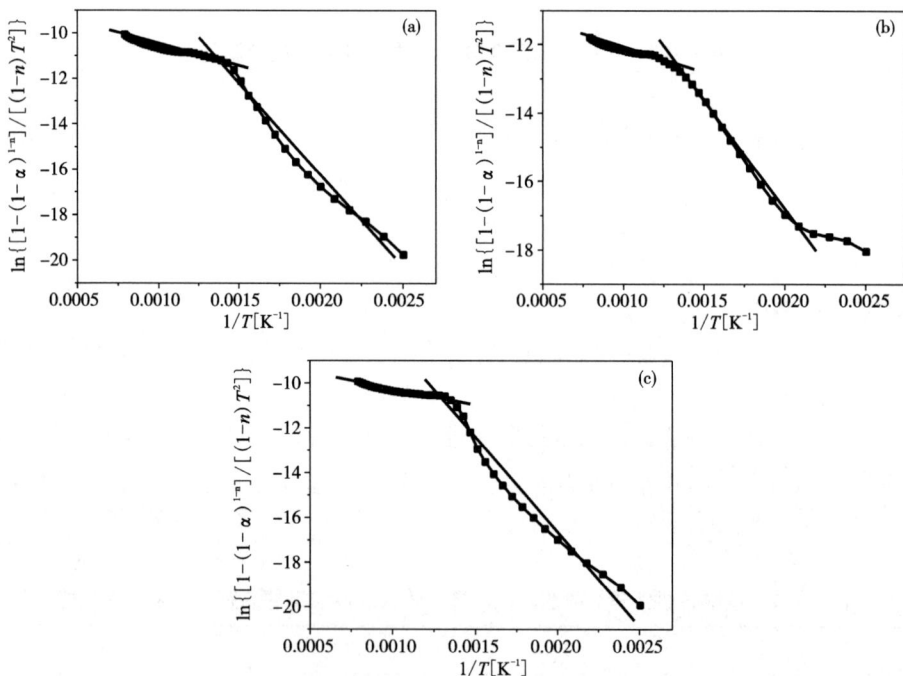

图4-30 不同黏结剂 $\ln\{-[1-(1-\alpha)-7]T^{-2}/7\}-1/T$ 曲线

(a)呋喃改性沥青；(b)酚醛改性沥青；(c)环氧改性沥青

第 5 章　基于惰性电极(阳极和阴极)的新型铝电解槽

5.1　现行电解槽阴极结构

电解铝工业所言的阴极结构中的阴极,是指盛装电解熔体(包括熔融电解质与铝液)的容器,包括槽壳及其所包含的内衬砌体,而内衬砌体包括与熔体直接接触的底部碳素(阴极炭块为主体)与侧衬材料,阴极炭块中的导电棒、底部碳素以下的耐火材料与保温材料。

阴极的设计与建造的好坏对电解槽的技术经济指标(包括槽寿命)产生决定性的作用。因此,阴极设计与槽母线结构设计一道被视为现代铝电解槽(尤其是大型预焙槽)计算机仿真设计中最重要、最关键的设计内容。众所周知,计算机仿真设计的主要任务是,通过对铝电解槽的主要物理场(包括电场、磁场、热场、熔体流动场、阴极应力场等)进行仿真计算,获得能使这些物理场分布达到最佳状态的阴极、阳极和槽母线设计方案,并确定相应的最佳工艺技术参数,而阴极的设计与构造涉及上述的各种物理场,特别是它对电解槽的热场分布和槽腔内形具有决定性的作用,从而对铝电解槽热平衡特性具有决定性的作用。

5.1.1　槽壳结构

槽壳(即阴极钢壳)为内衬砌体外部的钢壳和加固结构,它不仅是盛装内衬砌体的容器,而且还起着支承电解槽重量、克服内衬材料在高温下产生热应力和化学应力迫使槽壳变形的作用,所以槽壳必须具有较大的刚度和强度。过去为节约钢材,采用过无底槽壳,随着对提高槽壳强度达成共识,发展到现在的有底槽。有底槽壳通常有两种主要

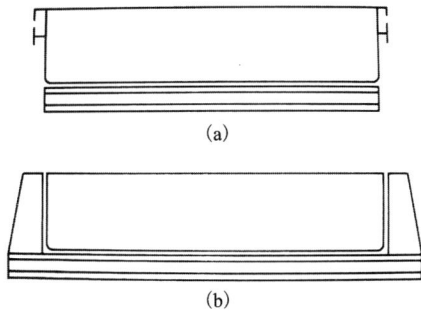

图 5 –1　铝电解槽的槽壳结构示意图
(a)自支撑式(框式);(b)托架式(摇篮式)

结构形式：自支撑式（又称为框式）和托架式（又称为摇篮式），其结构图分别见图 5 − 1 的（a）和（b）。

过去的中小容量电解槽通常使用框式槽壳结构，即钢壳外部的加固结构为一型钢制作的框，该种槽壳的缺点是钢材用量大、变形程度大，未能很好地满足强度要求。大型预焙槽采用刚性极大的摇篮式槽壳。所谓摇篮式结构，就是用 40a 工字钢焊成若干组"⊔"型的约束架，即摇篮架，紧紧地卡住槽体，最外侧的两组与槽体焊成一体，其余用螺栓与槽壳第二层围板连结成一体（结构示意图见图 5 − 2）。

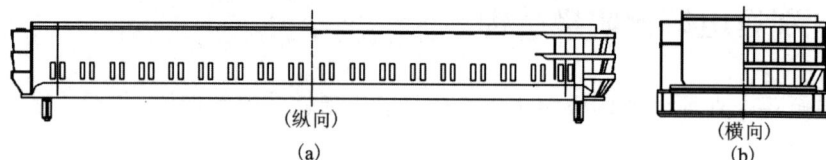

图 5 − 2　大型预焙铝电解槽槽壳结构图

(a)纵向；(b)横向

现代大型预焙槽槽壳设计利用先进的数学模型和计算机软件对槽壳的受力、强度、应力集中点、局部变形进行分析和相应的处理，使槽壳的变形很小，并且还加强槽壳侧部的散热以利于形成槽膛。例如沈阳铝镁设计研究院设计的 SY350 型 350 kA 预焙槽的槽壳设计为：大摇篮架结构（摇篮架通长至槽沿板，采用较大的篮架间隔）；槽壳端部三层围板加垂直筋板；大面采用船形结构以减少垂直直角的应力集中；大面采用单围带（取消腰带钢板与其间的筋板），并在摇篮架之间的槽壳上焊有散热片以增大散热面积；摇篮架与槽体之间隔开，使摇篮架在 300℃以下工作。

图 5 − 3 所示是大摇篮架船形槽壳部分图。有人认为，图 5 − 3 中(b)所示的圆角型与图 5 − 3 中(a)所示的三角型相比，圆角型船形结构槽壳受力更好，且更有效地降低槽两侧底部应力集中[183]。

对槽寿命要求的提高体现在电解槽大修中就是对槽壳变形修复要求的提高。不仅要修理槽壳的外形尺寸，而且要定期对槽壳的结构进行更新，对产生了蠕变和钢材永久性变形的槽壳实施报废制度，更新整个槽壳。

5.1.2　内衬结构

内衬是电解槽设计与建造中最受关注的部分。现在世界上铝电解槽内衬的基本构造可分为"整体捣固型""半整体捣固型"与"砌筑型"三大类。

（1）整体捣固型：内衬的全部碳素体使用塑性炭糊就地捣固而成，其下部是

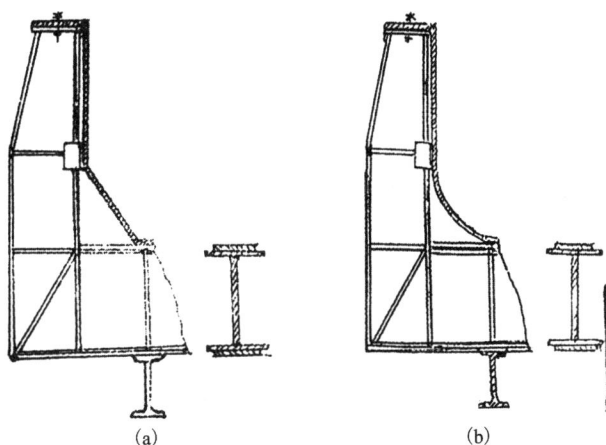

图 5 - 3　大摇篮架船形槽壳部分图

(a)三角型;(b)圆角型

用作保温与耐火材料的氧化铝,或者是耐火砖与保温砖。

(2)半整体捣固型:底部碳素体为阴极炭块砌筑,侧部用塑性炭糊就地捣固而成,下部保温及耐火材料与整体捣固型的类似。

(3)砌筑型:底部用炭块砌筑,侧部用炭块或碳化硅等材料制成的板块砌筑,下部为耐火砖与保温砖及其他耐火、保温和防渗材料。根据底部炭块及其周边间缝隙处理方式的不同,砌筑型又分为"捣固糊接缝"和"黏结"两种类型,前种类型是在底部炭块砌筑时相互之间及其与侧块之间留出缝隙,然后用糊料捣固;后种类型则不留缝隙,块间用炭胶糊黏结。

上述的整体捣固型与半整体捣固型被工业实践证明槽寿命不好,加之电解槽焙烧时排出大量焦油烟气和多环芳香族碳氢化合物,污染环境,因此已被淘汰。砌筑型被广泛应用。砌筑型中的黏结型降低了"间缝"这一薄弱环节,被国外一些铝厂证明能获得很高的槽寿命,但对设计和材质的要求高。因为电解槽在焙烧启动过程中,没有间缝中的碳素为炭块的膨胀提高缓冲(捣固糊在碳化过程中会收缩),因此,若设计不合理或者炭块的热膨胀与吸钠膨胀太大,便容易造成严重的阴极变形或开裂。

内衬的基本类型确定后,具体的结构将按最佳物理场分布原则进行设计。当容量、材料性能以及工艺要求不同时,所设计出来的内衬结构便应该不同,但一旦阴极结构设计的大方案确定(例如选用"捣固糊接缝的砌筑型"),则不论是小型还是大型槽,其内衬的基本结构方案可以是相似的。区别往往体现在具体的结构参数上,而对于同等槽型和容量的电解槽,结构参数上的区别往往源于设计理念、物理场优化设计工具和筑槽材料性能上的差异。

我国目前均采用捣固糊接缝的砌筑型。图 5－4 是我国大型预焙铝电解槽内衬基本结构方案的一个实例。内衬底部构成为：

（1）底部首先铺一层 65 mm 的硅酸钙绝热板（或先铺一层 10 mm 厚的石棉板，再铺一层硅酸钙绝热板）；

（2）在绝热板上干砌两层 65 mm 的保温砖（总厚度 130 mm），或者为加强保温而干砌三层 65 mm 的保温砖（有种设计方案是在绝热板上铺一层 5 mm 厚的耐火粉，用以保护绝热板，然后在其上干砌筑保温砖）；

（3）铺设一层厚 130 ~ 195 mm 的干式防渗料（具体厚度视保温砖的层数而定，即两层保温砖对应 195 mm 厚度，三层保温砖对应 130 mm 厚度），或者在三层保温砖上用耐火粉找平后铺一层 1 mm 厚钢板防渗漏，再用灰浆砌两层 65 mm 的耐火砖；

（4）在干式防渗料上（或耐火砖上）安装已组装好阴极钢棒的通长阴极炭块组；

（5）阴极炭块之间有 35 mm 宽的缝隙，用专制的中间缝糊扎固。

内衬侧部（底部干式防渗料或耐火砖以上的侧部）的构成及特点为：

（1）对于与底部炭块端部对应的侧部，靠钢壁砌筑一道 65 mm 的保温砖，或者布设 10 mm 石棉板和 40 ~ 60 mm 高温硅酸钙板；然后在该保温层与底部炭块之间浇注绝热耐火混凝土（高强浇注料）；并留出轧制人造伸腿的空隙；

（2）在浇注料上方砌筑一层耐火砖，再在该耐火砖上方砌筑一层 123 mm 厚的侧部炭块（或氮化硅黏结的碳化硅砖），并使其背贴碳胶到钢壳壁上；

（3）侧部炭块顶上用 80 mm 宽、10 mm 厚的钢板紧贴住炭块顶部焊接在槽壳上，防止炭块上抬；

（4）底部炭块与侧部砌体之间的周边缝用专制的周围糊扎成 200 mm 高的人造坡形伸腿。

大型中间下料预焙槽从工艺上要求底部应有良好的保温，以利于炉底洁净；侧部应有较好的散热，以促成自然形成炉膛。侧部炭块下的浇注料（或耐火砖砌）做成阶梯形，以抑制伸腿过长。

5.1.3　筑炉的基本规范

本小节结合上述大型预焙槽的内衬结构实例（见图 5－4），介绍当前我国大型预焙槽筑炉的基本规范，主要包括工艺要求与材料指标两个部分。其中所列材料是当前我国电解槽内衬常用材料，而非最好、最先进的材料。

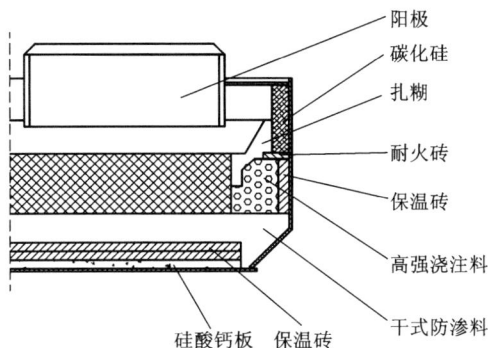

图 5-4　大型预焙阳极铝电解槽槽内衬结构图(实例)

1. 槽底砌筑

槽底砌筑的工艺要求:

(1)清理与放线:槽壳清理干净后,依据电解槽内衬施工图,进行基准放线作业。

(2)铺石棉板:槽底铺一层 10 mm 石棉板,接缝小于 2 mm,石棉板间缝用氧化铝粉填平。

(3)铺绝热板(硅酸钙板):绝热板的接缝小于 2 mm,所有缝间用氧化铝粉填满,绝热板与槽壳间隙填充耐火颗粒,粒度小于 2 mm;绝热板的加工采用锯切割;根据槽底变形情况允许局部加工绝热板,但加工厚度不大于 10 mm。

(4)砌筑(干砌)黏土质隔热耐火砖:隔热砖加工采用锯切割;砌筑时按画在槽壳上的砌体层高线逐层拉线控制;第一层隔热耐火砖在绝热板上进行作业,所有砌筑缝小于 2 mm,并用氧化铝粉填满,不准有空隙;隔热砖与侧部绝热板间填充耐火颗粒,粒度小于 2 mm,填实;第二层隔热耐火砖与第一层隔热砖应错缝砌筑,所有砖缝用氧化铝粉填满;第三隔热砖与侧部绝热板间填充耐火颗粒,粒度小于 2 mm,填实。

(5)铺干式防渗料:将干式防渗料铺在耐火砖上,用样板挂平,铺一层薄膜,薄膜上铺纤维板,然后用平板振动机。要求分两层铺料、夯实达到设计要求的密实厚度,然后按预先划好的基准线测量 9 点,要求水平误差不大于 ±2 mm/m,高度误差不大于 ±1.5 mm,局部超出标准可进行整理,并保证阴极炭块组安装尺寸。

2. 槽底砌筑用主要材料的指标

(1)硅酸钙板:表 5-1 和表 5-2 所列为符合国家标准 GB/T 10699—1998 的硅酸钙板主要指标。

表 5-1　硅酸钙板的性能指标

型号	牌号	导热系数平均温度 373℃最大值/W·m^{-1}·K^{-1}	抗压强度 最小值	抗折强度 最小值	密度 /kg·m^{-3}	线收缩率 /%
I 型	220 号	≤0.065	≥0.50	≥0.30	≤220	≤2
I 型	170 号	≤0.058	≥0.40	≥0.20	≤170	≤2

注：最高使用温度：槽底 650℃，侧部 850℃，规格 600 mm×300 mm×60 mm。

表 5-2　硅酸钙板的尺寸允许偏差和外观

	尺寸允许偏差/mm			外观缺陷/个	
	长	宽	厚	缺棱	缺角
平　板	±4	±4	+3，-1.5	1	1

注：本标准为一等品。

（2）黏土质隔热耐火砖：表 5-3 和表 5-4 所列为符合国家标准 GB/T 3994—1983 的黏土质隔热耐火砖主要指标。

表 5-3　黏土质隔热耐火砖的性能指标

牌号	体积密度 /(g·cm^{-2})	常温抗压强度 /(kgf·cm^{-2}) 不小于	导热系数平均温度 325±25℃最大值/(W·m^{-1}·K^{-1})	重烧线变化不大于 2%的试验温度/℃
NG-0.7	0.7	20	0.35	1250
NG-0.6	0.6	15	0.25	1200

注：①砖的工作温度超过重烧线变化的试验温度。NG-0.7 与 NG-0.6 相同。
　　②表内导热系数指标为平板法试验数据。

表 5-4　黏土质隔热耐火砖的尺寸允许偏差及外形/mm

项目		指标
尺寸允许偏差	尺寸≤100	±2
	尺寸 101~250	±3
	尺寸 251~400	±4

续表 5 - 4

项目			指标
扭曲	长度≤250	不大于	2
	长度 251 ~ 400		3
缺棱、缺角深度			7
熔洞直径			5
裂纹长度	宽度≤0.5		不限制
	宽度 0.51 ~ 1.0		30
	宽度 >1		不准有

注：宽度 0.51 ~ 1.0 mm 的裂纹不允许跨过两个或两个以上的棱。

(3)黏土质耐火砖：表 5 - 5 和表 5 - 6 所列为符合国家标准 YB/T 5106—1993 的粘土质耐火砖主要指标。

表 5 - 5　黏土质耐火砖的性能指标

项目	指标
	N - 4
耐火度，不低于/℃	1690
2 kgf/cm² 荷重软化开始温度，不低于/℃	1300
重烧变化(1350℃，2 h)/%	+ 0.2
	- 0.5
显气孔率，不大于/%	24
常温耐压强度，不小于/2 kgf·cm⁻²	200

注：①电解槽使用黏土耐火砖牌号不低于 N - 4。
②导热系数(W/m²·h℃)：0.7 + 0.64(t/1000)；比重(g/cm³)：0.35。

表 5 - 6　黏土质耐火砖的尺寸允许偏差和外观/mm

项目		指标
尺寸允许偏差	尺寸≤100	±2
	尺寸 101 ~ 150	±2.5
	尺寸 151 ~ 300	±2%
	尺寸 301 ~ 400	±6

续表 5-6

项目			指标
扭曲	长度≤250	不 大 于	2
	长度 231~300		2.5
	长度 301~400		3
缺棱、缺角深度			7
熔洞直径			7
渣蚀厚度 <1			在砖的一个面上允许有
裂纹 长度	宽度≤0.5		不限制
	宽度 0.51~1.0		60
	宽度 >1		不准有

(4)氧化铝：表 5-7 为目前所使用的氧化铝的导热系数。

表 5-7 不同容量氧化铝导热系数

容量 /(g·cm^{-3})	表面温度 /℃	导热系数 /(kcal·m^{-2}·h^{-1}·℃$^{-1}$)	W/(m^2·h·℃)
0.662~0.665	600	0.104	0.121
1.30~1.124	600	0.172	0.2
1.202~1.105	600	0.280	0.325

(5)石棉板：目前执行标准为 JC/T 69—2000。石棉板是以石棉为主要原料，加入黏结剂和填充材料而制成的板状隔热材料。一般要求石棉板组织结构均匀，厚度一致，表面光滑，但允许一面有毛毯压痕或双面网纹。不允许有折裂、鼓泡、分层、缺角等缺陷。石棉板烧失量不大于18%，含水度不超过3%，密度≤1.3 g/cm^3，横向拉伸强度≥0.8 MPa。石棉板的规格通常有 850 mm × 850 mm 和 1000 mm ×1000 mm 两种，厚度 1.0~25.0 mm，每 1 m^3 石棉板的质量按 1200 kg 计算。

(6)干式防渗料：表 5-8 所列为符合国家标准 GB/10294—88 的干式防渗料的主要理化性能指标。

表 5 - 8　干式防渗料的理化性能指标

项目		单位		指标
$Al_2O_3 + SiO_2$		%	≥	85
耐火度		℃		1630
松散容重		g/cm^3		1.5
堆积密度		g/cm^3		1.9
抗冰晶石渗透 950℃ ×96 h		mm	≤	15
导热率	65℃	W/(m · K)		0.35
	300℃			0.40

3. 阴极炭块组的制作

阴极炭块组的制作,包括炭块和钢棒的加工及其组装两部分。其制作方式与阴极钢棒的形状有关。阴极钢棒可采用方形、矩形或圆形、半圆形等多种形状。理论上而言,圆形棒周围应力分布均匀,尤其是能够克服矩形或燕尾槽型所带来的应力集中的问题,可降低阴极炭块破损的风险,并能够获得较低的铁/炭电压降。然而圆形棒与炭块的连接(黏结方式)在我国没有成熟技术。不少人建议使用半圆形断面,但我国尚无工业实践,目前还是采用方形或矩形棒,对应地将阴极炭块的沟槽加工成燕尾槽形状。

近 20 余年,世界上新建铝厂普遍采用通长炭块和通长阳极钢棒。从 20 世纪70 年代中期开始,由于电解槽容量不断增大,采用大断面阴极炭块后,每个阴极钢棒带有两条沟槽的设计方案被采用,即每个阴极炭块与两个阴极钢棒相连接。

阴极炭块与钢棒的组装方式有炭糊扎固、磷生铁浇注、炭的黏结剂黏结等。其中,磷生铁浇注式组装的阴极寿命短,工艺流程繁琐、复杂、技术性强,高温作业,劳动强度大、效率低、成本高,废品率高,该法在国内大多被扎固法所取代。因此下面以扎固法为例进行介绍。

(1)阴极炭块组制作的工艺要求

①钢棒下料后,在其两端面打上编号(最好打钢印或用油漆标记),测量并记录每根钢棒的弯曲程度;校正不合格的钢棒;砂洗四面,表面应露出银灰色金属光泽,砂洗完后检查并填写记录。

②组装前用压缩空气将炭块燕尾槽内灰尘吹净,然后加热阴极炭块,与此同时加热阴极钢棒和炭糊,加热温度根据炭糊性质而定,一般在 40 ~ 110℃的范围(以炭糊说明书要求的温度为准)。

③组装前再清扫一次燕尾槽内的灰尘;用电毛刷对钢棒进行打磨,表面不准

有灰尘。

④阴极钢棒轴向中心线必须与炭块钢棒槽轴中心线相吻合，偏差不准超过炭块长度的 1‰，钢棒组装后总长度偏差不大于 15 mm，弯曲度不大于 4 mm。

⑤每次加糊后用样板刮平再捣固，共分 6 层左右捣固，每层捣固高度为 20～40 mm；扎固时炭糊的温度应满足钢棒糊使用说明书的要求；每层捣固两个往返，捣固后糊与炭块表面呈水平，表面整洁，不准有麻面，捣固压缩化(1.6～1.8):1，捣固风压不低于 0.5 MPa，扎固捣固锤每次移动 1 cm 左右，严禁捣固锤打坏炭块，防止异物进入糊内。

⑥组装后测量炭块表面与钢棒表面，平行度公差值 3 mm，不准高于炭块表面，用耐火泥抹平。

⑦组装后阴极炭块组的质量要求。a. 导电性能：当用 2000 A 直流电以工作面和阴极钢棒露出端为两极，其电压平均值不大于 350 mV(在室温下)；b. 外观：由燕尾槽向外延伸的裂纹宽度不大于 0.5 mm，长度不大于 60 mm，其他缺陷符合底部炭块标准，冷糊杂物清除干净；c. 炭块组堆放要按作业基准进行，要轻吊轻放，钢丝绳所压炭块部位要有防压措施，严禁雨淋，受潮；d. 对炭块组检查采用抽查法，抽检比例 3%。如有质量问题提高抽查比例。

(2)阴极炭块组制作用主要材料

①阴极炭块：阴极炭块的种类很多，这里仅以当前国内外大中型预焙槽上使用最多的半石墨质炭块为例。我国铝厂目前较普遍使用的半石墨质阴极炭块行业标准为 YS/T 287—1999。该标准的炭块理化指标见表 5-9，尺寸允许偏差见表 5-10，加工后尺寸允许偏差见表 5-11，且外观符合如下规定：a. 产品表面应平整，断面积不允许有空穴、分层和夹杂物；b. 加工长度大于 1 m 时，弯曲度不大于长度的 0.1%；c. 炭块严禁受潮和油污染；d. 炭块表面允许有符合表 5-12 中所述的缺陷。

表 5-9　半石墨阴极炭块的理化性能指标

部位	牌号	灰分 /%	电阻率 /($\Omega \cdot mm^2 \cdot m^{-1}$)	电解膨胀率 /%	耐压强度 /($N \cdot mm^{-2}$)	体积密度 /($g \cdot cm^{-3}$)	真密度 /($g \cdot m^{-3}$)
		不大于			不小于		
底部	BLS-1	7	42	1.0	32	1.56	1.90
炭块	BLS-1	8	45	1.2	30	1.54	1.87

表 5 – 10　炭块尺寸允许偏差/mm

名称	允许偏差不大于		
	宽度	厚度	长度
炭块	±10	±10	±15

表 5 – 11　炭块加工后的尺寸允许偏差/mm

名称	允许偏差不大于			
	宽度	厚度	长度	直角度(°)
底部炭块	±2	±4	±12	±0.4
侧部炭块	±3	±3	±5	±0.5
角部炭块	±5	±5	±5	

表 5 – 12　炭块表面的缺陷

缺陷名称	缺陷尺寸/mm
缺角	$a+b+c \leqslant 50$, 不多于两处
缺棱	$a+b+c \leqslant 50$, 不多于两处
面缺陷	近似周长 $a+b+c \leqslant 100$, 深度 $\leqslant 5$
裂纹(0.5 以下)	长度 a 或 $b+c \leqslant 60$

注:$a+b+c$ 的计算见图 5 – 5。

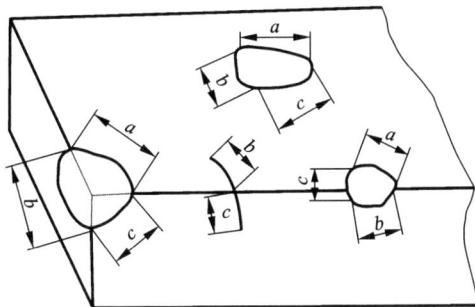

图 5 – 5　炭块缺陷计算示意图

②钢棒糊:以 GH 牌号的钢棒糊为例,其理化性能指标如表 5 – 13 所示。

表 5 – 13　钢棒糊的理化性能指标

指标 牌号	灰分/% ≤	挥发分/% ≥	固定碳/% ≥	体积密度 /g·cm⁻³ ≥	耐压强度 /MPa ≥	比电阻 /(Ω·mm²·m⁻¹)
GH	3	9 ~ 13	84	1.55	25	75

③硼化钛阴极：TiB_2 是最理想的铝电解可润湿性阴极材料。目前中南大学研发的常温固化硼化钛阴极涂层材料和中国铝业公司研发的硼化钛 – 炭复合材料均开始在大型预焙铝电解槽上应用。这种材料与低石墨质或低石墨化程度的炭块结合，可以显著改善阴极的抗钠膨胀性，而与高石墨质或高石墨化程度的炭块结合，则可以显著改进阴极的耐磨性。此外还有一个很重要的优点是，它给阴极带来了一种碳素材料所不具备的性能，即与金属铝液的良好润湿性，因而可减少槽底沉淀，提高阴极工作的稳定性。硼化钛阴极涂层与价格较低的无烟煤基（无定形或半石墨质）炭块相结合的效果最为显著。无定形炭在长时间电解后会逐渐石墨化，在一年或更长一点的时间内大部分会转化成石墨。在工业电解槽上这种石墨化转化之所以未能体现在阴极电压的下降，是因为钠膨胀及熔融电解质与碳化铝的渗透抵消了石墨化所带来的电导率的改进。对此，中南大学开发的常温固化硼化钛阴极涂层技术所采用的涂层厚度只要有 4 ~ 5 mm 即可（这样涂层的造价相对较低），涂层本身寿命只需 2 年左右即可（因为阴极炭块的吸钠膨胀主要发生电解槽启动后的 1 ~ 2 年内），但其提高槽寿命和稳定槽况所带来的效益显著高于使用涂层所带来的投资费用增加。

4. 阴极炭块组的安装

阴极炭块在槽底的排列有图 5 – 6 所示的几种情况，其中（a），（b），（c）三种比较，（c）型最好。（d）型对应通长炭块，这种类型接缝数量最少，一般认为该类型可使电解质和铝液渗漏的可能性以及由于上抬力和推挤力所引起的机械破损可能性均可降至最小。通长炭块不一定采用通长阴极棒，但发展趋势是通长炭块与通长阴极棒。

（1）阴极炭块组安装的工艺要求

①将砌筑完毕的槽底（干式防渗料）表面清理干净，按预先划好的作业基准线进行安装作业，以槽中心为准，由中央向两端进行。

②炭块组两端钢棒预先安装好挡板。已变形棒孔挡板要校正方可使用，不能校正的必须更换。

③用钢丝绳吊动炭块时，所压部位必须采取防范措施，以防损伤炭块；调整炭块组时仅撬动炭块，不可撬动钢棒；严禁损伤炭块、钢棒及挡板，安装要平稳，不平处可用粉料（防渗料）垫平。

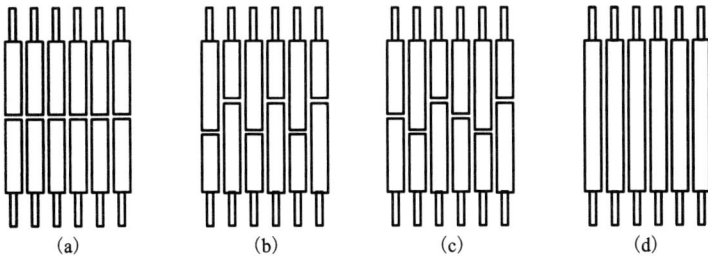

图 5-6 阴极炭块组安装类型

④相邻炭块水平高度差不超过 3 mm,长度偏差≤10 mm;炭块间距符合内衬图要求,相邻炭块就位,用缝宽样板控制,测定三点,一般控制在规定值 ±2 mm,然后取下样板用木楔临时固定。

⑤就位时,钢棒应放在窗口中央,阴极钢棒中心线与槽壳窗口中心线偏差为±3 mm;阴极钢棒挡板紧贴槽壳钢板上,2~3 mm 间缝用水玻璃石棉腻子塞满;腻塞棒孔后,炭块组不准移动;如需移动,窗孔间隙重新腻塞。

⑥水玻璃石棉腻子密封料的配比,按重量比为:水玻璃:(石棉粉 70% + 石棉绒 30%) = 1:1.5,混合均匀使用。水玻璃腻子应洁净,不准混入异物。

(2)阴极炭块组安装用主要材料

①硅酸钠水玻璃:符合国家标准 GB/T 4209—96 的水玻璃的密度:1.32~1.38 g·cm^{-3},波度(20)(°Be)35~37,模数(M)3.5~3.7。

②石棉:目前采用的石棉理化性能指标见表 5-14。石棉绒采用温石棉机选 4 级,4 级石棉按纤维长度和含量分别为:4.8 mm 为 5%~35%,1.35 mm 为 45%~70%,砂粒粉尘含量不大于 5.5%。石棉粉的技术性能:短纤维石棉 10%,轻质耐火土钙镁细粉 90%,体积密度 0.86 g/cm^3,耐热度不小于 600℃,水分不大于 5%,导热系数不大于 0.093 W·m^{-1}·K^{-1}。

表 5-14 石棉的主要理化性能指标

种类	密度 /g·cm^{-3}	莫氏硬度	纤维外形	柔顺性	强韧性	比热 /GJ·kg^{-1}·K^{-1}	导热系数 W/cm·K	熔点 /℃	使用强度 /℃	最高工作温度 /℃	灼热减量 /% 800℃	吸湿量/%	耐酸性	耐碱性	抗拉强度 /MPa
温石棉	2.2~2.4	2.5~4.0	白色光泽	柔软	强	0.836	0.07	1200~1600	400	600~800	13~15	1~3	弱	强	29.40
青石棉	3.2~3.3	4.0	深青色光泽	柔软	稍弱	0.836	0.07	900~1150	200		3~4	1~3	强	弱	32.34

5. 阴极炭块周围砌筑

（1）阴极炭块周围砌筑的工艺要求

① 四周紧贴槽壳为石棉板、硅酸钙板，缝隙小于 2 mm，缝隙用石棉绒、水玻璃糊实。

② 两炭块钢棒间砌 65 mm 黏土质隔热耐火砖（两层或三层，依内衬图而定），采用湿砌，砖缝小于 3 mm。

③ 捣打浇注料：按内衬图尺寸支好模板，固定阴极炭块四周；用搅拌机干混浇注料 2 min，然后加入清洁自来水（加水量为 6.5% ~ 7.5%），加完水后搅拌 3 ~ 4 min 即可出料；搅拌好的浇注料应立即倒入模内（应采用多点投料为好），用插入式振动器振动，振至表面露出浮水为止；振动器提起时应避免留空洞，振动棒应缓慢均匀移动，不能在一点长时间振动，以防浇注料偏析；加第二层料振动时，切忌将振动棒插入第一层料内以防破坏第一层已初凝料层的组织结构；浇注完毕全高倾斜不大于 5 mm，其表面凹凸不大于 2 mm；浇注好后用草袋覆盖注体，养生时间：若环境温度大于平均温度 20℃/天，养护时间为 24 h，否则为 48 h。

④ 砌筑耐火砖：待浇注体达到养护时间后，浇注体上用耐火泥浆找平砌筑一层或两层（视内衬图而定）65 mm 高铝砖或黏土质隔热耐火砖，砖缝小于 3 mm，泥浆饱满，为砌筑侧部炭块做好准备。

（2）阴极炭块周围砌筑用主要材料

① 防渗隔热耐火浇注料（耐火混凝土）：不同厂家有不同标准，表 5 – 15 是其中一种的组成及性能。

表 5 – 15　防渗隔热耐火浇注料（耐火混凝土）组成及性能指标

组成		Al_2O_3 /%	体积密度 /(g·cm^{-3})	耐压强度 /MPa	烧后线变化 /%	导热系数 /(W·m^{-1}·K^{-1})	使用温度 /℃
骨料	结合剂						
轻质黏土砖	高铝水泥	35 ~ 45	2.0 ~ 2.3	12 ~ 38	0.4 ~ 5	0.5 ~ 0.8	1000 ~ 1300

注：导热系数为 700 ~ 1000℃时的数据。

② 耐火砖：某企业生产的高铝砖理化性能指标见表 5 – 16。

表 5 – 16　高铝砖理化性能指标

项目		指标			
		LZ – 75	LZ – 65	LZ – 55	LZ – 48
Al_2O_3/%	不小于	75	65	55	48
耐火度/℃	不小于	1790		1770	1750
0.2 MPa 荷重软化开始温度/℃		1520	1500	1470	1420
重烧线变化/%	1500℃,2 h	+0.1 −0.4			—
	1450℃,2 h	—			+0.1 −0.4
显气孔率/%	不大于	23		22	
常温耐压强度/MPa	不小于	53.9	49.0	44.1	39.2

6.侧部砌筑

(1)侧部砌筑的工艺要求

①砌筑前将槽壳上的污垢和周围砖表面上的泥浆清理干净,砌筑块(炭块或碳化硅砖)要仔细检查,有缺陷的根据情况放在角部。

②炭块用干砌,碳化硅(SiC)砖用耐火泥浆砌筑,因此若使用碳化硅砖,先配制碳化硅耐火泥浆。砌筑从角部开始作业,立缝小于 0.5 mm,卧缝小于 3 mm,错台小于 5 mm。大面根据槽型可以砌筑成一条弧线。侧块背部紧贴槽壳钢板,背缝小于 2 mm。

③若需加条,则加条在角部两侧的第三块上进行,加条尺寸应不小于原炭块的二分之一。

④砌筑和调整侧部炭块应使用木锤敲打,严禁使用金属锤敲打,以防损伤炭块。

⑤对于侧部块与槽壳间的缝隙,若侧部为碳化硅砖,则用碳化硅浇注料或侧部散热填充料填实;若为炭块,则用氧化铝或炭胶或侧部散热填充料填实。

(2)侧部砌筑用主要材料的指标

①侧部块:若使用炭块,则见"阴极炭块组的制作";若使用碳化硅砖,则见表 5 – 17 的实例(牌号为 SICATEC75)。

表 5 – 17　氮化硅结合碳化硅砖的理化性能指标

指标		测试条件	标准
显气孔率/%		—	≤18
体积密度/g·cm³		—	≥2.60
耐压强度/MPa		—	≥150
抗折强度/MPa		室温	≥42
		1400℃	≥45
荷重软化温度/℃		0.2 MPa，T2	>1700℃
热导率/W·m⁻¹·K⁻¹		1000℃	17（实测值）
抗氧化性/%		1150℃×20 h	0.5（实测值）
抗碱性/%		1350℃×20×5	2.47（实测值）
化学成分/%	SiC	—	≥72
	Si₃N₄	—	≥18
	Fe₂O₃	—	≤0.7
	Si	—	≤0.5
尺寸公差	厚度	0～100 mm	±1.0 mm
	长、宽	0～300 mm	±1.5 mm
		301～500 mm	±2.0 mm
		>500 mm	±0.5%

②炭胶：侧部使用炭块时，需用到炭胶。表 5 – 18 为一种炭胶的主要理化指标。

表 5 – 18　炭胶的主要理化指标

项目	单位	标准
灰分	%	<5
挥发分	%	<45
固定碳	%	>50
针入度（20℃时）		450～650

③碳化硅耐火泥：侧部使用碳化硅砖时，用到碳化硅耐火泥。表 5 – 19 为一

种碳化硅耐火泥的主要理化性能指标。

表 5 – 19　碳化硅耐火泥的主要理化性能指标

项目		指标	
		Sicabond	Sica-Glue
化学组成/%	Si	≥	≥
	C		~3
	Fe₂O₃	<1	≤1.0
	SiO₂	<9	
最高使用温度/℃		1350	1350
粒度组成	>0.5 mm	≯1	
	<0.074 mm	>50	
	110℃ ×24 h	≥4.0	≥6.0
	1000℃ ×3 h	≥5.0	
应用		砌筑碳化硅砖	复合碳化硅砖与碳砖

④侧部散热填充料：表 5 – 20 为一种侧部散热填充料在不同温度下的导热系数。

表 5 – 20　侧部散热填充料在不同温度下的导热系数

种类	单位	室温	150℃	300℃
配方 1	W/m · K	0.55	0.98	1.40
配方 2	W/m · K	0.60	1.12	1.53

7. 扎固

(1)扎固立缝的工艺要求

①阴极块加热前应用压缩空气将槽内清理干净，然后进行加热作业。

②立缝加热用电加热器加热，冬季加热时间不少于 12 h，夏季加热时间不少于 10 h，加热温度同扎糊作业温度(遵照糊料产品说明书)。需加热的材料、工具同时加热。扎固辅糊前再次进行吹风清扫。

③测量阴极炭块加热温度，每个炭块各测三点。

④非工作人员禁止入槽内，作业人员的鞋底必须干净。

⑤阴极炭块立缝均涂一层稀释沥青,厚度 0.5 mm 左右。

⑥按量加糊,应用样板刮平,再进行扎固作业,扎固次数不少于两个往复,捣固时间约 45 s/缝层。立缝一般分 7~8 次扎完,每槽约 60 min。操作点的风压不低于 0.6 MPa,压缩比不低于 1.60:1。

⑦扎固炭帽要在模板内进行,以防打坏炭块。炭帽应高出阴极炭块上表面 5 mm,宽度 40 mm,铲去炭帽两侧毛边并用手锤压光,使之表面平整、光滑、无麻点。

(2)扎固周围缝的工艺要求

①周围糊扎固前应对周围缝加热,并在加热前进行吹风清扫,加热温度同立缝温度。

②凡与糊接触部位(炭糊除外)均涂一层稀释沥青,厚度为 0.5 mm 左右。

③槽长、短侧各分 7~10 次扎完,斜坡高度符合内衬图要求(一般为 200 mm),工作点风压不低于 0.6 MPa,压缩比不低于 1.60:1。扎固之前首先将阴极钢棒底下塞实。

④扎固坡面时,为使层间衔接牢固,用爪形捣锤把表面打成麻面,然后再铺糊扎固。周围糊接头处用火焰加热器烘烤,不准将糊烧成炭化物,加热至立缝要求温度。

⑤捣固后表面呈平面,光滑整洁,不准有麻面。

(3)扎固用冷捣糊

目前已普遍使用冷捣糊扎固立缝与周围缝。表 5-21 所列是"湘 Q/LC556"标准的冷捣糊碳素材料的理化性能指标。其中,LTC-1 适用于阴极炭块间立缝和周围缝;LTC-2 适用于阴极炭块与阴极钢棒接缝(钢棒糊)。

表 5-21　冷捣碳素料理化性能指标

项目	LTC-1	LTC-2
挥发分/%	<12	<10
骨料最大粒径/mm	≤8	≤2
灰分/%	≤12	≤10
成型后体积密度/g·cm^{-3}	≥1.55	≤1.6
水分/%	≤1	≤1
固定炭/%	≥76	≥77
施工操作温度/℃	25~40	40~50

续表 5 – 21

	项目	LTC – 1	LTC – 2
1300℃烧后	体积密度/g·cm^{-3}	≥1.45	≥1.5
	耐压强度/MPa	≥25	≥20
	残余体积收缩/%	≤1.5	≤1.5
	显气孔率/%	≤22	≤22
	导热系数/W·m^{-1}·K^{-1}		
	电阻率/Ω·mm^2·m^{-1}	≤70	≤65
	破损系数	≤1.0	

注: 破损系数是指碳素材料经电解试验后侵入试样内的电解质体积与试样原总孔隙体积的比值。

5.2　新型槽结构

5.2.1　单独采用惰性阳极的电解槽

仅采用惰性阳极的电解槽只将 Hall-Héroult 铝电解槽的碳素阳极换成惰性阳极,其他部分基本不变,Alcom[184] 的金属陶瓷阳极 6 kA 电解槽就是典型代表。这种电解槽的优点是,便于从对现行 Hall-Héroult 铝电解槽进行改造,投资相对较少。它的缺点是,这种两极上下排步的槽型的有效电解面积小,电解槽空间利用率低,难以通过增大电极有效电解面积来提高单位体积的产铝量;同时,由于未能解决好电解槽的铝液不稳定导致电流效率降低等问题,这种电解槽很难通过减小极距来有效降低能耗。而且由于采用惰性阳极电解时,电解需要在更高的氧化铝浓度下运行,氧化铝沉淀严重,影响电解过程的正常进行;其可逆分解电压比采用碳素阳极时高,所以在极距相同的条件下电解时,其能耗会比现行 Hall-Heroult 铝电解槽的更高[185]。

5.2.2　单独采用可润湿性阴极的电解槽

阳极仍采用碳素阳极,仅采用可润湿性阴极的铝电解槽,除了在阴极炭块表面涂覆可润湿性 TiB$_2$ 材料的 Hall-Héroult 铝电解槽外,还有多种对阴极进行改进的新型铝电解槽。

1.“蘑菇状”阴极电解槽

有人使用过蘑菇状的可润湿性阴极,其上表面涂覆可润湿材料并与阳极底掌平行,根部与槽底阴极导杆导通。铝液在可润湿性阴极表面析出,流入槽底,阴极表面只有一层很薄的铝液,这样可以适当地减小极距;而且这种阴极还可以对保持铝液稳定起到一定作用。这类电解槽遇到的问题是,阴极材料抗腐蚀和耐冲击性能不够,且容易被熔蚀或发生断裂[186, 187]。

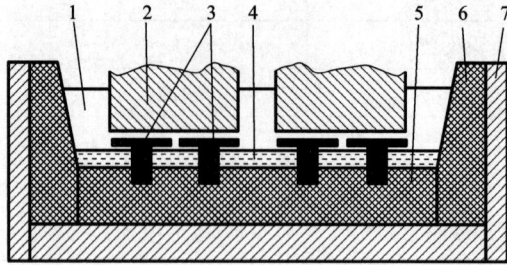

图 5-7　槽底安装"蘑菇状"可润湿性阴极的电解槽结构示意图

1—电解质熔体;2—阳极;3—可润湿性阴极元件;4—金属铝;
5—阴极炭块;6—侧部炭块;7—保温层

2. 采用碳素阳极的导流型铝电解槽(导流槽)

另外一种单独采用可润湿性阴极的电解槽就是导流槽,这种槽型多年来一直被人们普遍看好。从 20 世纪 70 年代起到现在,出现了很多有关导流槽的专利。导流槽的特点是,碳素阳极表面涂覆主要成分为 TiB_2 的可润湿性涂层,由于铝液对阴极表面润湿良好,阴极表面倾角为 2°或者更大,使铝液能够沿着斜坡流入底部凹槽(聚铝沟)内,在获得较高电流效率的前提下,极距可以控制在 1.2 cm 到 2.5 cm 的范围之内。根据聚铝沟结构及分布的不同,导流槽可分为单聚铝沟和多聚铝沟两种结构类型。

图 5-8 所示是一种最典型的单聚铝沟导流槽结构,这种导流槽结构相对简单,在破损电解槽改造或新电解槽建造过程中均可实现,实施难度相对较小,因而具有相当的吸引力。澳大利亚 Comalco 公司[188] 从 1987 年到 1998 年一直研究开发导流槽,采用图 5-8 所示导流槽结构,建立了 25 台电流强度为 90 kA 的试验槽。槽底为两侧向内倾斜的 TiB_2 涂层阴极,采用相适应的倾斜底

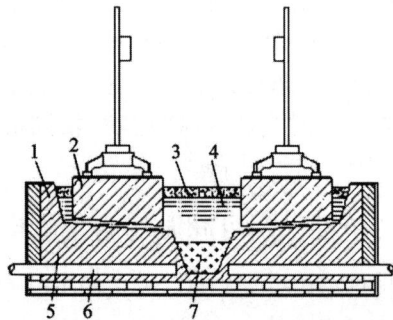

图 5-8　单聚铝沟导流槽的典型结构示意图

1—侧部炭块;2—碳素阳极;3—结壳;4—电解质;
5—阴极炭块;6—阴极钢棒;7—聚铝沟中铝液

面的碳素阳极,聚铝沟(即凹槽)位于槽底中部。阴极上铝液层的厚度为 3 ~ 5 mm,极距为 2.5 cm(现行铝电解槽的极距为 4 ~ 4.5 cm),为了保持热平衡,电流强度从 90 kA 提高到了 120 kA,阳极电流密度增至 1.15 A/cm²,因而产量提高了 40%,能耗为 13200 kWh/t - Al。

Georges[189] 在其专利中给出了如图 5 - 9 所示的单聚铝沟型导流槽结构。电解槽阴极由两侧向内倾斜,在槽底中央纵向形成一条聚铝沟,阴极表面涂覆可润湿材料;槽体内具有阴极的固定外壳(简称"内部槽壳"),使用绝缘材料(如耐火砖)将其与外部槽体分离,使内部槽壳与槽体其他部分绝缘;另一方面,它还提供了一个空间,通过向里面通入加热或者冷却气体,可以控制内部槽壳的温度,尤其是在启动的时候,可以使用这种方法对槽体预热。内部槽壳也用于保证电流在阴极炭块中均匀分布,并且可以整体与电解槽分离,便于更换。阴极导杆可以从槽两侧插入槽体,与内部槽壳相连;也可以采用从槽底的垂直开孔引入,阴极导杆处于槽底阴极块的几何中心处,并且焊接在内部槽壳上。这种导流槽虽然结构复杂,但是设计比较先进(特别是对铝电解槽热平衡设计),在今后的应用中,如果是新建铝厂,它们将具有相当的吸引力。

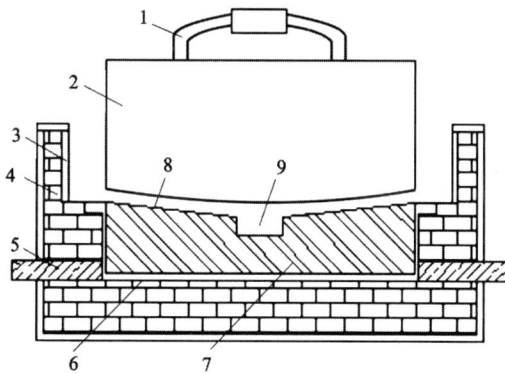

图 5 - 9　单聚铝沟导流槽结构示意图

1—阳极钢爪;2—阳极;3—碳化硅层;4—耐火砖;5—阴极导杆;
6—内部槽壳;7—阴极块;8—阴极涂层;9—聚铝沟

V. de Nora[190] 在最近的专利中就给出了如图 5 - 10 所示的多聚铝沟导流槽结构。此类电解槽的特点是,阴极块在槽底横向排列成许多凹槽(聚铝沟),铝液顺着阴极斜坡流向两边的凹槽中。碳素阴极表面涂覆 TiB₂ 可润湿涂层,使其对铝液良好润湿,阴极导杆仍为钢质材料。专利还给出了聚铝沟为 V 形、U 形、梯形和矩形的阴极块示意图,阴极炭块之间用捣固糊连接。这种导流槽结构比较复杂,槽底形成许多的凹槽,如果没有另外的导流沟使铝液汇集,出铝会比较麻烦;

另外, 需要专门生产异型结构的阴极炭块和阳极炭块, 电解过程中极距的调整以及阳极更换时极距统一也有较大难度。

对于这种使用碳素阳极的导流槽, 虽然比普通 Hall-Heroult 铝电解槽有了较大改进, 可望大幅度降低极距, 降低能耗; 但是为了从根本上解决现行铝电解槽的弊病, 实现更大的节能增产以及改善环保的目标, 需要开发同时采用惰性阳极和可润湿性阴极的新型铝电解槽。

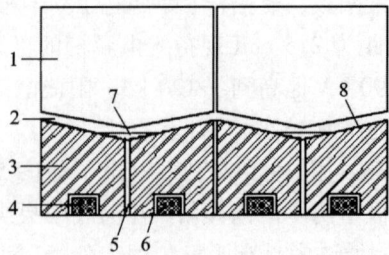

图 5-10 多聚铝沟导流槽结构示意图

1—阳极; 2—极间电解质; 3—阴极块; 4—阴极钢棒;
5—捣固糊; 6—铸铁; 7—聚铝沟中铝液; 8—硼化钛涂层

5.2.3 联合使用惰性阳极和可润湿性阴极的电解槽

1. 单聚铝沟惰性阳极导流槽

Georges[189] 在其专利中给出了另一种采用惰性阳极的导流槽(见图 5-11), 这种导流槽与图 5-9 的区别在于采用了惰性阳极, 如表面有氧化物保护层的 Ni - Fe - Al 合金或 Ni - Fe - Al - Cu 的合金, 其他结构基本类似。

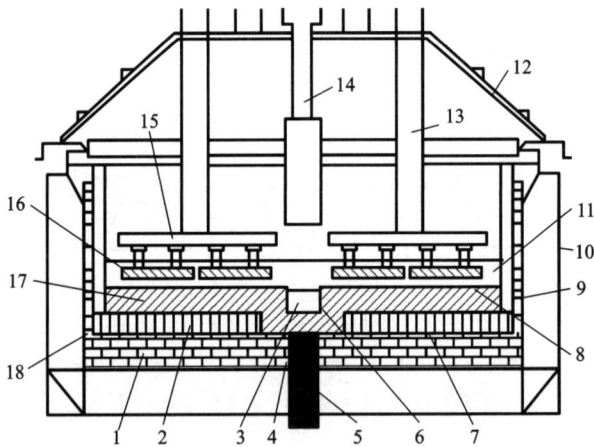

图 5-11 单聚铝沟惰性阳极导流槽结构示意图

1—耐火砖; 2—气穴; 3—铝液; 4—竖直开孔; 5—阴极导杆; 6—凹槽;
7—支架; 8—阴极斜坡; 9—内衬; 10—外部槽壳; 11—电解质; 12—槽盖;
13—阳极导杆; 14—下料打孔装置; 15—分流装置; 16—阳极; 17—阴极块; 18—内部槽壳

2. 多聚铝沟惰性阳极导流槽

V. de Nora[190] 在他的专利中也给出了一种采用惰性阳极的多聚铝沟导流槽(见图 5 – 12),惰性阳极可以由表面包裹氧化物或氟氧化物作为保护性涂层的合金或者陶瓷等制成。电解气体沿着阳极中间的开口排出,其余部分与图 5 – 10 基本相似。

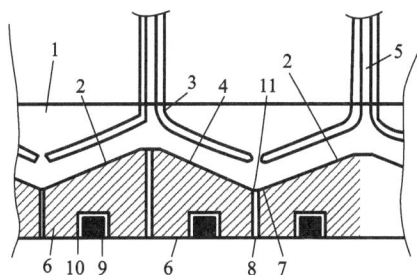

图 5 – 12　多聚铝沟惰性阳极导流槽结构示意图

1—电解质;2—阴极斜坡;3—阳极;
4—硼化钛涂层;5—阳极气体通道;6—阴极炭块;
7—凹槽;8—捣固糊;9—阴极钢棒;
10—铸铁;11—铝液

3. 复杂结构的惰性阳极导流槽

如图 5 – 13 所示,Vittorio de Nora 在其专利[191]中给出了一种结构比较复杂的同时使用惰性阳极和可润湿性阴极的新型铝电解槽,也可以给类为导流型槽,阴极表面涂层具有较好导电性和铝液润湿性,对阴极炭块也有很好的保护作用。使用表面涂覆硼化钛的楔形阴极,阴极可以通过植入槽底的方式固定在槽底,也可以通过黏结方式,使其与槽底结合,或者在阴极炭块内部加入铸铁使其沉于槽底。同时采用惰性阳极,如金属、合金或者陶瓷等,倾斜呈人字形,与阴极表面平行,并有开口,用于阳极气体排放。极距控制在 15 mm

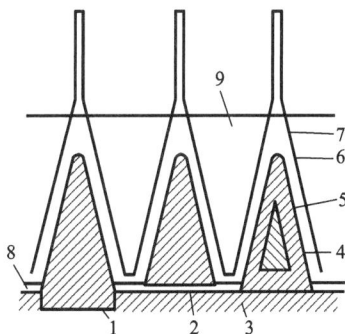

图 5 – 13　复杂结构的惰性阳极导流槽

1—固定于槽底的阴极;2—黏结物;
3—抗铝液侵蚀层;4—铸铁;5—阴极炭块;
6—阳极;7—阳极开口;8—铝液;9—电解质

到 20 mm 以内。电解析出的铝沿着阴极斜坡流入槽底。这种电解槽实际上是对蘑菇状阴极的改进,但也同样面临着使用寿命的问题,楔形阴极在电解条件下会面临断裂和涂层剥落的问题。

4. 竖式电极电解槽

同时使用惰性阳极和可润湿性阴极的新型电解槽中,还有一类为采用竖式电极的单极性或双极性电极竖式电解槽。

(1)双极性电极竖式电解槽

这种电解槽结构如图 5 – 14 所示,与镁电解槽相似。每块电极一面作为阳极,另一面作为阴极,每对电极的组合,都可以看作一个电解槽,然后一个个串联成系列;电流从槽的一端流入第一个阳极,再经电解质流入下一个电极的阴极面，最终到达槽尾的最后一个阴极。因此，电解可在比较低的槽电流和比较高的槽电压下运行，使电流输送比较容易；其极距可以控制在一个较小的范围之内，所以，整个槽形可以设计得更加紧凑，并且有较高的产出率[192]。

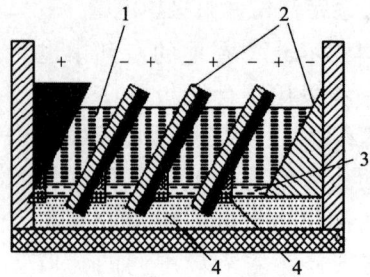

图 5－14　双极性电极竖式电解槽结构示意图

1—电解质；2—双极性电极；

3—铝液；4—惰性绝缘材料

（2）单极性电极竖式电解槽

单极性电极电解槽除了两端的电极为单面导电外，中间的电极都是两面导电，极性相同。每两个电极的组合同样可以看成是一个电解槽，与双极性电极电解槽相比不同之处是电极组合之间是并联而非串联排列。

V. de Nora 的系列专利中给出了多种单极性电极电解槽，图 5－15是其中一种使用竖式惰性阴极和竖式惰性阳极的电解槽[193]。阳极通过导杆悬挂于阳极母线，阴极的底部固定在槽底，并与槽底阴极母线相连。这种电解槽的有效电解面积比仅使用槽底作为阴极的电解槽要大得多，在相同单位面积产出率条件下，电解槽产能显著提高。由于极距很小，所以在两极之间只存在向上的流体。在阴极和阳极的一侧，都留有一定的空间，作

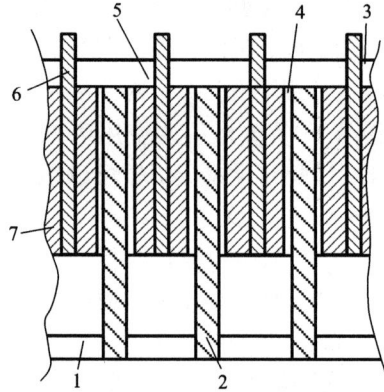

图 5－15　单极性电极竖式电解槽结构示意图

1—铝液；2—阳极；3—电解质；4—极间空隙；

5—阳极；6—导杆；7—惰性材料

为向下的流体空间，而这些空间可以作为下料的地点。

双极性电极电解槽和单极性电极电解槽有其各自的缺点，双极性电解槽的一个比较突出的问题是电流的旁路问题比较严重，即部分电流不通过中间的电极，而从第一个阳极经电解质、铝液或是侧壁直接流到最后一个阴极，使电流效率降低；如果将每对电极间的电解质和铝液隔离开来，这样虽然不会有旁路电流的存在（除少量电流流经槽壁损耗），但是会给下料和出铝带来很大的困难。单极性电极电解槽的电流分布将更加均匀，但是电极和母线中的电压降较大，使电能效率降低。Beck[194]给出了单极性电极和双极性电极两种槽型电流效率的计算方法，并且认为两种电解槽的电流效率相近。还有，使用这两种电解槽电解时，电解质

温度低,黏度较大,传质困难,铝液可能悬浮于电解质中,使"二次反应"严重。

5. 料浆电解槽

低温电解有利于降低电解质熔体对惰性阳极腐蚀和热冲击,是惰性阳极发展的必由之路。但是,在低温条件下电解时,氧化铝溶解度小,溶解速度降低;在 Al_2O_3 补充不足时,随着阳极附近的氧化铝浓度降低,阳极电位升高,阳极表面氧化物与电解质反应同样会加剧,甚至发生灾难性腐蚀(金属的阳极溶解和氧化物的电化学分解[195])。为了使电解顺利进行,在电解质中必须有过量未溶的氧化铝存在,以及时补充电极附近消耗的氧化铝,使电流密度能保持在合理的大小,但是这样很容易造成大量的氧化铝沉淀[196]。

为了解决上述问题,Beck 在其专利[194]中提出了如图 5-16 所示的料浆电解槽。这种电解槽仍采用竖式单极性电极,只是将槽底也作为阳极,电解过程中,往上冒的阳极气体能保证未溶 Al_2O_3 悬浮在电解质中,阴极铝液包裹在电解质中,随着电解质流动沉积到位于槽底边部的聚铝槽中。电解温度可以通过电解槽侧壁和底部的冷却管来控制。但是这种电解槽很难保证铝液在沉淀过程中不被重新氧化。

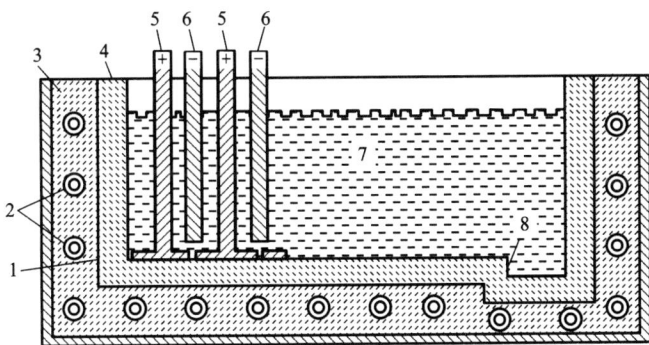

图 5-16　料浆电解槽结构示意图

1—阳极底掌；2—槽体冷却管；3—保温材料；4—耐火内衬材料；
5—阳极；6—阴极；7—电解质熔体；8—聚铝沟

5.2.4　新型铝电解槽的未来发展

经过长期的努力,惰性阳极、可润湿性阴极和基于惰性电极的新型结构电解槽等方面都取得了很大进展。目前,分别使用或联合使用惰性阳极与可润湿性阴极的新型电解槽都相继推出了试验槽。从以上分析可知这些槽型尽管具备节能、环保与提高产能的潜在优势,但也存在各自的弊端与不足,各种电解槽结构有待进一步优化，电极材料和电解工艺方面的系列工程技术问题也有待解决。

　　针对基于惰性阳极和可润湿性阴极的新型铝电解槽及其电解新工艺的未来发展，国内外已有系列指导性文件，比如美国的 1998 年《惰性阳极技术指南》[197] 和 1999 年《惰性阳极技术现状报告》[198]。

参考文献

[1] James W E, Halvor K. Sustainability, climate change, and greenhouse gas emissions reduction: responsibility, key challenges, and opportunities for the aluminum industry[J]. JOM, 2008, 60 (8): 25 – 31

[2] James W E. The evolution of technology for light metals over the last 50 years: Al, Mg, and Li [J]. JOM, 2007, 59(2): 30 – 38

[3] Tabereaux A. Prebake cell technology: A global review[J]. JOM, 2000, 52(2): 22 – 28

[4] Pawlek R P. Review of the aluminum reduction sessions, part Ⅰ[J]. Aluminium, 1999, 75(7): 621 – 625

[5] Pawlek R P. Review of the aluminum reduction sessions, part Ⅱ[J]. Aluminium, 1999, 75 (11): 1006 – 1009

[6] 中国铝材信息网. 2007 年 12 月份世界原铝产量报告[EB/OL]. http://www.lvcai.cn/class/5/170726.shtml, 2008 – 1 – 25

[7] 中铝网. 2009 年世界原铝产量一览表[EB/OL]. http://market.cnal.com/statistics/2010/04 – 30/1272612709173526.shtml, 2010 – 4 – 30

[8] 刘静安, 谢水生. 铝合金材料的应用与技术开发[M]. 北京: 冶金工业出版社, 2004

[9] Vanvoren C, Homsi P, Basquin J L. AP50: The pechiney 500 kA cell[A]. Anjier J L, eds. Light metals 2001[C]. USA: TMS, 2001: 221 – 226

[10] 邱竹贤. 21 世纪伊始铝电解工业的新进展[J]. 中国工程科学, 2003, 5(4): 41 – 46

[11] 徐军, 陈学森. 我国铝工业现状及今后发展建议[J]. 轻金属, 2001, 10: 3 – 6

[12] 曾庆猛. 对未来我国铝工业发展的几点看法[J]. 世界有色金属, 2002(3): 14 – 18

[13] 吴慧娅. 我国铝电解工业的现状与竞争能力的分析[J]. 世界有色金属, 2002(10): 4 – 6

[14] 中国矿业网. 2002 年我国有色金属产品产量汇总表[EB/OL]. http://www.chinaming.com.cn/news/listnews.asp? classid = 154&siteid = 9998, 2003 – 02 – 10

[15] 深圳中期. 我国电解铝产量已升至世界第一[EB/OL]. http://www.chinafutures.com.cn/Progs/NshowNews.asp? ID = 17585, 2002 – 12 – 24

[16] 中国有色网. 熊维平: 中国铝工业 60 年发展历程回顾[EB.OL]. http://www.cnmn.com.cn/ShowNews.aspx? id = 24747, 2009 – 9 – 10

[17] 中华商务网. 400 kA 大型预焙阳极铝电解槽技术研制开发获得成功[EB/OL]. http://www.hnys.gov.cn/Read.asp? IC_ID = 1879, 2008 – 4 – 29

[18] 杨晓东, 刘雅锋, 朱佳明, 孙康健. 400 kA 预焙阳极铝电解槽技术研制开发生产实践 [J]. 轻金属, 2008, 7: 23 – 30

[19] 李宁, 王洪, 肖伟峰, 肇玉卿, 陈军, 陈新群. 400 kA 大型预焙阳极铝电槽应用研究[J].

轻金属, 2008, 12: 35 - 38

[20] 铝业技术论坛. 中国有色金属工业中长期科技发展规划(下)[EB/OL]. http://www.al - tec. cn/archiver/tid - 3404. html, 2009 - 6 - 16

[21] Sleppy W C, Cochran C N. Bench scale electrolysis of alumina in sodium fluoride - aluminum fluoride melts below900℃[C]. In: Peterson W S, eds. Light metals 1979. USA: TMS, 1979: 385 - 395

[22] 赖延清, 刘业翔. 电解铝碳素阳极消耗研究评述[J]. 轻金属, 2002(8): 3 - 10

[23] 卢惠民, 邱竹贤. 面向21世纪的铝电解清洁生产工艺[J]. 矿冶, 2000, 9(4): 62 - 65

[24] Kvande H. Inert electrodes in aluminum electrolysis cells[C]. In: Eckert C E, eds. Light metals 1999. USA: TMS, 1999: 369 - 376

[25] Grjotheim K, Kvande H. Physico-chemical properties of low-melting baths in aluminium electrolysis[J]. Metall, 1985, 39(6): 510 - 513

[26] 张晓顺, 邱竹贤. 铝电解惰性阳极材料研究现状[J]. 材料与冶金学报, 2005, 4(1): 13 - 16

[27] Panaitescu A, Moraru A, Panaitescu I. Research on the instabilities in the aluminum electrolysis cell[C]. In: Crepeau P N, eds. Light metals 2003. USA: TMS, 2003: 359 - 366

[28] 李相鹏, 李劼, 赖延清, 刘业翔, 冉永华, 周昊, 岑可法. 聚铝沟排布对导流型铝电解槽热应力分布的影响[J]. 中国有色金属学报, 2007, 17(6): 979 - 983

[29] Thonstad J. Some recent trends in molten salt electrolysis of titanium, magnesium, and aluminium[J]. High Temperature Materials and Processes, 1990, 9(2 - 4): 135 - 146

[30] Bertaud Y, Gurtner B, Cohen J. Process for the continuous production of aluminum by the carbochlorination of alumina and igneous electrolysis of the chloride obtained [P]. USA4597840, 1986 - 7 - 1

[31] Sterten A, Solli P A. Electrochemical current efficiency model for aluminium electrolysis cells [J]. Journal of Applied Electrochemistry, 1996, 26(2): 187 - 193

[32] Craig B. Next generation venical electrode cells[J]. JOM, 2001, 53(5): 39 - 42

[33] 邱竹贤, 王兆文, 高炳亮, 于旭光. 低温铝电解的物理化学过程[J]. 矿业研究与开发, 2003(8): 9 - 12

[34] Sterten A. Current efficiency in aluminium reduction cells [J]. Journal of Applied Electrochemistry, 1988, 18(3): 473 - 483

[35] Yang J H, Graczyk D G, Wunsch C, Hryn J N. Alumina solubility in KF - AlF$_3$ - based low-temperature electrolyte system[C]. In: Sorlie M, eds. Light metals 2007. USA: TMS, 2007: 537 - 541

[36] 赖延清, 王家伟. Na$_3$AlF$_6$ - Al$_2$O$_3$ 体系低温电解研究现状评述[J]. 轻金属, 2006(9): 37 - 42

[37] 王家伟, 赖延清. X(K 或 Li)$_3$AlF$_6$ - Al$_2$O$_3$ 体系低温电解研究现状评述[J]. 轻金属, 2007(1): 31 - 36

[38] 田忠良, 赖延清, 银瑰, 孙小刚, 段华南, 张刚. 低温铝电解研究进展[J]. 有色金属(冶

炼部分), 2004(5): 26 - 28

[39] Lacamera A F. Electrolysis of aluminium in a moltem salt at 760℃ [C]. In: Campbell P G, eds. Light metals 1989. USA: TMS, 1989: 291 - 295

[40] Rolseth S, Gudbrandsen H, Thonstad J. Low temperature aluminium electrolysis in a high density electrolytes, part Ⅰ [J]. Aluminium, 2005, 81(5): 448 - 450

[41] Huglen R, Kvande H. Global considerations of aluminium electrolysis on energy and environment[C]. In: Mannweiler U, eds. Light metals 1994. USA: TMS, 1994: 373 - 380

[42] Oye H A, Mason N, Peterson R D. Aluminum: approaching the new millennium[J]. JOM, 1999, 51(2): 29 - 42

[43] Finch C B, Tennery V J. Crack formation and swelling of TiB$_2$ - Ni ceramics in liquid aluminum [J]. J. Am. Ceram. soc., 1982, 65(7): 100 - 101

[44] Billehaug K, Oye H A. Inert cathodes for aluminum electrolysis in Hall-Heroult cells Ⅰ [J]. Aluminium, 1980, 56(10): 642 - 648

[45] Billehaug K, Oye H A. Inert cathodes for aluminum electrolysis in Hall-Héroult cells Ⅱ [J]. Aluminium, 1980, 56(11): 713 - 718

[46] Cook A V, Buchta W M. Use of TiB$_2$ cathode material: demonstrated energy conservation in VSS cells[C]. In: Bohner H O, eds. Light metals 1985. USA: TMS, 1985: 545 - 566

[47] Brown G D, Hardie G J, Taylor M P. TiB$_2$ coated aluminum reduction cells: status and future direction of coated cells in Comalco[C]. In: Welch B, Kazacos M K, eds. Proc. 6th Aust. Al Smelting Workshop. New Zealand: 1998: 529 - 538

[48] Alcom T R, Stewart D V, Tabereaux A T. Apilot reduction cell operation using TiB$_2$ - G cathodes[C]. In: Blckert C M, eds. Light metals 1990. USA: TMS, 1990: 413 - 418

[49] 李积良, 张世福. 延长铝电解槽寿命的新途径[J]. 材料与冶金学报, 2010, 9(zl): 167 - 169

[50] Mohamadou B, Manyaka R T. Reverdy M. Twenty years of continuous technical progress at alucam prebaked smelter[C]. In: Anjiey J L, eds. Light metals 2001. USA: TMS, 2001: 185 - 191

[51] 刘海石. 延长大型铝电解槽寿命的研究[D]. 沈阳: 东北大学材料与冶金学院, 2006: 1 - 2

[52] 肖伟峰. 探讨影响铝电解槽寿命的主要因素及其改进措施[J]. 世界有色金属, 2008(5): 28 - 30

[53] Tabereaux A T. Reviewing advances in cathode refractory materials[J]. JOM, 1992, 44(11): 20 - 26

[54] Oye H A. Long life for high amperage cells[J]. Scandinavian Journal of Metallurgy, 2001, 30 (6): 415 - 419

[55] 于泳涛. 铝电解生产成本与电解槽槽龄的关系[J]. 有色冶金节能, 2007(6): 28 - 30

[56] Abdulla H, Raghavendra K S R, Barry W. Improving heat dissipation and cell life of aged reduction lines at aluminiumbahrain(ALBA)[C]. In: Johnson J A, eds. Light metals 2010. USA: TMS, 2010: 285 - 290

[57] 田应甫. 大型预焙槽铝电解生产管理[M]. 长沙: 中南工业大学出版社, 1997

[58] 王平, 刘钢. 160 kA 电解内衬结构分析与优化[J]. 轻金属, 2003(10): 42-47

[59] 尹书奎, 邵勇, 曹继明. 大型预焙铝电解槽阴极内衬破损特征及检测[J]. 轻金属, 2005 (12): 29-32

[60] Sorlie M, Oye H A. Cathodes in aluminum electrolysis. 2rd edition[M]. Dusseldorf, FRG: Aluminium-Verlag, 1994: 289-293

[61] 李兵, 彭建蓉. 电解槽早期破损的成因及对策[J]. 云南冶金, 1999, 28(6): 20-24

[62] Halvor K, Qiu Z X, Yao K, Grjotheim K. Peneration of bath into the cathode lining of alumina reduction cells[C]. In: Paul G C, eds. Light metals 1989. USA: TMS, 1989: 161-167

[63] 朱广斌, 朱六群. 铝电解槽阴极内衬破损特征与检测[J]. 世界有色金属, 2006(12): 33-34

[64] Gudbrandsen H, Sterten A, Odegard R. Cathodic dissolution of carbon in cryolitic melts[C]. In: Cutshall E R, Light metals 1992. USA: TMS, 1992: 521-528

[65] 李世军. 大型预焙铝电解槽破损的检测、判断及维护[J]. 有色金属(冶炼部分), 1999 (3): 33-36

[66] Kure T, Kawano K. Life of 125 kA prebaked potline[C]. In: Miller I J, eds. Light metals 1978. USA: TMS, 1978: 255-266

[67] James B J, Welch B J, Hyland M M, Metson J B, Morrison C D. Interfacial processes and the performance of cathode linings in aluminum semlters[J]. JOM, 1995, 47(2): 22-25

[68] Liao X A, Oye H A. Increased Sodium Expansion in Cryolite-Based Alumina Slurries[C]. In: Barry W. Light metals 1998. USA: TMS, 1998: 659-666

[69] Wilkening S, Ginsberg H. Contribution to the process of molten salt aluminum electrolysis with special consideration of the behavior of sodium[J]. Metall, 1973, 27(8): 787-792

[70] Zolocheysky A, Hop J G, Servant T, Foosnas T, Oye H A. Rapoport-samoilenko test for cathode carbon materials II. swelling with external pressure and effect of creep[J]. Carbon, 2005, 43(6): 1222-1230

[71] 冯乃祥, 邱竹贤. 金属钠与冰晶石熔体的反应[J]. 有色金属, 1996, 48(4): 50-53

[72] Dell M B. In extractive metallurgy of aluminum[M]. New York: Interscience Publishers, 1963: 403-405

[73] Briem S, Alkan Z, Quinkertz R Q. Development of energy demand and energy-related CO_2 emissions in melt electrolysis for primary aluminum production[J]. Aluminium, 2000, 76(6): 502-506

[74] Grjotheim K, Welch B J. 铝电解技术[M]. 邱竹贤译. 北京: 冶金工业出版社, 1985

[75] Sekhar J A, Bello V, Nora V D. Cathodic coating for improved cell performance[C]. In: Evans J, eds. Light metals 1995. USA: TMS, 1995: 507-513

[76] 冯乃祥, 谭亚菊, 段学良. 铝电解槽阴极炭块钠侵蚀膨胀测定与研究[J]. 轻金属, 1997 (6): 37-40

[77] 冯乃祥. 冰晶石熔体和金属 Na 在铝电解阴极炭块中的共同渗透[J]. 金属学报, 1999, 35 (6): 611-617

[78] Oberlin M, Mering J. Relation between the work function and graphitization[C]. Journal de Chimie Physique et de Physico-Chimie Biologique, France: Societe de Chimie Physique, 1969: 82 – 83

[79] Brilloit P, Lossius L P, Oye H A. Melt penetration and chemical reaction in carbon cathodes during aluminium electrolysis. I. Laboratory experiments[C]. In: Subodh K D, eds. Light metals 1993. USA: TMS, 1993: 321 – 330

[80] 黄永忠, 王化章, 王平甫, 等. 铝电解生产[M]. 长沙: 中南工业大学出版社, 1994

[81] 邱竹贤. 铝电解[M]. 北京: 冶金工业出版社, 1982

[82] Krohn C, Sorlie M, OYye H A. Penetration of cathode carbon materials used in industrial cells [C]. In: Echert C E, eds. Light metals 1982. USA: TMS, 1982: 311 – 324

[83] Dresselhaus M S, Dresselhaus G. Intercalation compounds of graphite[J], Adv. Phys., 1981, 30(2): 139 – 326

[84] Sorlie M, Gran H, Oye H A. Propertiy change of cathode lining materials during cell operation [C]. In: Evans J W, eds. Light metals 1995. USA: TMS, 1995: 497 – 506

[85] Belitskus D, Effect of anthracite calcination and formulation variables on properties of bench scale aluminum smelting cell cathodes[J], Metallurgical Transactions B, 1977, 8B(4): 591 – 596

[86] Lombard D, Béhérégaray T, Fève B. Aluminium pechyney experience with graphitized cathode blocks[C]. In: Barry W, eds. Light metals 1998. USA: TMS, 1998: 653 – 658

[87] Haupin W. Cathode voltage loss in aluminium smelting cells [C]. The proceedings from the 104th AIME annual meeting. New York, 1975: 339 – 349

[88] Welch B J, Hyland M M, Utley M. Interrelationship of Cathode Mechanical Properties and Carbon/Electrolyte Reaction During Start-Up [C]. In: Elwin L R, eds. Light metals 1991. USA: TMS, 1991: 727 – 733

[89] Hop J D. Sodium expansion and creep of cathode carbon [D]. Norway: Trondheim Institute of Technology, 2003: 176 – 178

[90] Brilloit P, Lossius L P, Oye H A. Penetration and chemical reactions in carbon cathodes during aluminium electrolysis. I. Laboratory experiments[J]. Metallurgical Transactions B, 1993, 24B(1): 75 – 89

[91] Xue J L, Liu Q S, Zhu J, OU W L. Sodium penetration into carbon-based cathodes during aluminum electrolysis[C]. In: Galloway T J, eds. Light metals 2006. USA: TMS, 2006: 651 – 654

[92] Brisson P Y, Darmstad H, Fafard M, Adnot A, Servant G, Soucy G. X – ray photoelectron spectroscopy study of sodium reactions incarbon cathode blocks of aluminum oxide reduction cells [J]. Carbon, 2006, 44(8): 1438 – 1447

[93] Adhoum N, Bouteillon J, Dumas D, Poignet J C. Electrochemical insertion of sodium into graphite in molten sodium fluoride at 1025℃[J]. Electrochimica Acta, 2006, 51(25): 5402 – 5406

[94] Liu D R, Yang Z H, Li W X, Qiu S L, Luo Y T. Electrochemical intercalation of potassium into graphite in KF melt[J]. Electrochimica Acta, 2010, 55(3): 1013 – 1018

[95] Utigard T, Toguri J M. Marangoni flow in the Hall-Heroult Cell[C]. In: Cutshall E R, eds. Light metals 1991. USA: TMS, 1991: 273 – 281

[96] Rafiei P, Hiltmann F, Hyland M, James B, Welch B. Electrolytic degradation within cathode materials[C]. In: Anjier J L, eds. Light metals 2001. USA: TMS, 2001: 747 – 752

[97] Ibrahiem M O, Foosnaes T, Oye H A. Chemical stability of pitch – based TiB_2 – C coatings on carbon cathodes[C]. In: Sorlie M, eds. Light metals 2007. USA: TMS, 2007: 1041 – 1046

[98] Vasshaug K, Foosnaes T, Haarberg G M, Ratvik A P, Skybakmoen E. Wear of carbon cathodes in cryolite-alumina melts[C]. In: Sorlie M, eds. Light metals 2007. USA: TMS, 2007: 821 – 826

[99] Patel P, Hyland M, Hiltmann F. Influence of internal cathode structure on behavior during electrolysis part III: wear behavior in graphitic materials[C]. In: Galloway T J, eds. Light metals 2006. USA: TMS, 2006: 633 – 638

[100] Odegard R, Sterten A, Thonstad J. On the solubility of aluminium carbide and electrodeposition of carbon in cryolitic melts[J]. Journal of the Electrochemical Society, 1987, 134(5): 1088 – 1092

[101] Stevensa D A, Dahnb J R. The mechanisms of lithium and sodium insertion in carbon materials [J]. Journal of Electrochemical Society, 2001, 148(8): 803 – 811

[102] 蒋文忠. 碳素工艺学[M]. 北京: 冶金工业出版社, 2009

[103] Asher R C. Lamellar intercalation compounds of sodium with graphite[J]. J. Nucl. Inorg. Chem., 1959, 10: 238

[104] Berger D, Carton B, Metrot A, Herold A. Interactions of potassium and sodium With Carbons [C]. In: Walker P L, eds. Chem. Phys. Carbon. USA: marcel dekker, 1975: 1 – 36

[105] Li Q Y, Lai Y Q, Li J, Yang J H, Fang J, Chen Z. The effect of sodium-containing additives on the sodium penetration resistance of TiB_2 – C composite cathode in aluminum electrolysis [C]. In: Kvande H, eds. Light metals 2005. USA: TMS, 2005: 789 – 791

[106] Sorlie M, Oye H A. Evaluaiton of cathode material properties relevant to the life of Hall-heroult cells[J]. Journal of Applied Electrochemistry, 1989, 19(4): 580 – 588

[107] Wang Z W, Ban Y G, Shi Z N, Gao B L, Lü D X, Ma C G, Kan H M, Hu X W. Penetration of sodium and electrolyte to vibratory compaction TiB_2 Cathode[C]. In: David H D Y, eds. Light metals 2008. USA: TMS, 2008: 1029 – 1032

[108] Qiu Z X, Li Q F, Chen X S, TiB_2 – coating on cathode carbon blocks in aluminium cells[C]. In: Cutshall E R, eds. Light metals 1992. USA: TMS, 1992: 431 – 437

[109] Sorlie M, Oye H A. Deterioration of carbon linings in aluminum reduction cells[J]. Metall, 1984, 38(2): 109 – 115

[110] Chan B K C, Thomas K M, Marsh H. The interactions of carbons with potassium[J]. Carbon, 1993, 31(7): 1071 – 1082

[111] Diez M A, Marsh H. Modeling the degradation of carbon cathodes by sodium[C]. In: Anjie J L, eds. Light metals 2001. USA: TMS, 2001: 739 – 746

［112］ Patel P, Hyland M, Hiltmann F. Influence of internal cathode structure on behavior during electrolysis part Ⅱ: Porosity and wear mechanisms in graphitized cathode material[C]. In: Kvande H, eds. Light metals 2005. USA: TMS, 2005: 757 – 762

［113］ Store M, Oye H A. Chemical resistance of cathode carbon materials during electrolysis[C]. In: Mcgeer J P, eds. Light metals 1984. USA: TMS, 1984: 1059 – 1070

［114］ Ibrahiem M O, Foosnaes T, Oye H A. Stability of TiB₂ – C composite coatings[C]. In: Galloway T J, eds. Light metals 2006. USA: TMS, 2006: 691 – 696

［115］ Sekhar J A, Nora V D, Liu J. A porous titanium diboride composite cathode coating for Hall-Heroult cells: part Ⅰ: thin coatings[J]. Metallurgical and Materials Transactions B, 1998, 29(1): 59 – 67

［116］ Dionne M, Lesperance G, Mirchi A. Microscopic characterization of a TiB₂ – carbon material composite: raw materials and composite characterization [J]. Metallurgical and Materials Transactions A, 2001, 32(10): 2649 – 2656

［117］ Wang Y W, Feng N X, You J, Peng J P, Su S J. Study on expansion of TiB₂ – C compound cathode and sodium penetration during elecrolysis[C]. In: Sorlie M, eds. Light metals 2007. USA: TMS, 2007: 1067 – 1070

［118］ Naas T, Oye H A. Interactions of alkalimetal with cathode carbon[C]. In: Eckert C E, eds. Light metals 1999. USA: TMS, 1999: 193 – 198

［119］ Lü X J, Xu J, Lai Y Q, Li J, Fang Z, Shi Y, Liu Y X. Effects of pitches modification on properties of TiB₂ – C composite cathodes[C]. In: Bearne G, eds. Light metals 2009. USA: TMS, 2009: 1145 – 1149

［120］ Ren B J, Xu J L, Shi Z N, Ban Y G, Dai S L, Wang Z W, Gao B L[C]. In: Sorlie M, eds. Light metals 2007. USA: TMS, 2007: 1047 – 1050

［121］ Xue J L, Liu Q S, Ou W L. Sodium expansion in carbon/TiB₂ cathodes during aluminum electrolysis[C]. In: Sorlie M, eds. Light metals 2007. USA: TMS, 2007: 1061 – 1066

［122］ Xue J L, Ou W L, Zhu J, Liu Q S. Analysis of sodium and cryolite bath penetration in the cathodes used for aluminum electrolysis[C]. In: Bearne G, eds. Light metals 2009. USA: TMS, 2009: 1177 – 1181

［123］ 刘庆生, 薛济来, 朱骏, 李百松. 添加剂对铝电解碳基阴极钠渗透膨胀过程的影响[J]. 北京科技大学学报, 2008, 30(4): 403 – 407

［124］ Li Q Y, Li J, Yang J H, Lai Y Q, Wang H Q, Liu Y G. Effect of TiB₂ coating on evolution of cathode lining during the process of primary aluminum production [J]. Metallurgical and Materials Transactions A, 2007, 38A(13): 2358 – 2361

［125］ Thonstad J, Fellner P, Haarberg G M. Aluminium Electrolysis, 3rd edition[M]. Dusseldorf: Aluminium – Verlag, 2001: 328

［126］ Nora V D. Aluminium electrowinning-the future[J]. Aluminium, 2000, 76(12): 998 – 999

［127］ Prasad S. Studies on the Hall-Heroult aluminum electrowinning process[J]. Journal of the Brazilian Chemical Society, 2000, 11(3): 245 – 251

［128］Jacobs T B, Brooks R. Electrolytic reduction of aluminum［P］. USA5279715［P］, 1994

［129］高炳亮. 低温铝电解新研究［D］. 沈阳：东北大学材料与冶金学院, 2003：3 - 10

［130］王家伟. $Na_3AlF_6 - K_3AlF_6 - AlF_3$ 体系的初晶温度、Al_2O_3 溶解能力及 $NiFe_2O_4$ 基惰性阳极低温电解腐蚀研究［D］. 长沙：中南大学冶金科学与工程学院, 2008：7 - 14

［131］Li J, Fang J, Li Q Y, Lai Y Q. Effect of TiB_2 content on resistance to sodium penetration of TiB_2/C cathode composites for aluminium electrolysis［J］. Journal of Central South University of Technology, 2004, 15(1)：400 - 404

［132］李庆余. 铝电解用惰性可润湿性 TiB_2 复合阴极涂层的研制与工业应用［D］. 长沙：中南大学冶金科学与工程学院, 2003：39 - 46

［133］Hiltmann F, Patel P. Hyland M. Influence of internal cathode structure on behavior during electrolysis part I：properties of graphitic and graphitized material［C］. In：Kvande H, eds. Light metals 2005. USA：TMS, 2005：751 - 756

［134］Brilloit P, Lossius L P, Oye H A. Melt penetration and chemical reactions in carbon cathodes during aluminum electrolysis. I. laboratory experiments［J］. Publ Transp Int, 1994, 42(2)：1237 - 1246

［135］传秀云. 石墨层间化合物 GICs 的形成机理探讨［J］. 新型碳材料, 2000, 15(1)：52 - 56

［136］Claire H, Albert H, Philippe L. Ternary graphite intercalation compounds associating an alkali metal and an electronegative element or radical［J］. Solid state sciences, 2004, 6(1)：125 - 138

［137］葛军饴, 曹世勋, 蔡传兵, 张金仓. 石墨插层化合物超导体研究进展［J］. 低温物理学报, 2008, 30(1)：1 - 7

［138］邱竹贤. 预焙槽炼铝［M］. 北京：冶金工业出版社, 2005

［139］Zolochevsky A, Hop J G, Foosnaes T, Oye H A. Surface exchange of sodium, anisotropy of diffusion and diffusional creep in carbon cathode materials［C］. In：Halvor K. Light metals 2005. USA：TMS, 2005：745 - 750

［140］Ratvik P A, Store A, Solheim A, Trygve F. The effect of current density on cathode expansion during start-up［C］. In：David H D Y. Light metals 2008. USA：TMS, 2008：973 - 978

［141］Frolov A V, Alexander O G, Nikolai I S, Nina P K, Leonid V S, Larissa M B, Victor P S, Yurii P Z. Weting and cryolite bath penetration in graphitized cathode materials［C］. In：Travis J G. Light metals 2006. USA：TMS, 2006：645 - 649

［142］Xue J L, Oye H A. Sodium and bath penetration into TiB_2 - carbon cathodes during laboratory aluminium electrolysis［C］. In：Cutshall E R. Light metals 1992. USA：TMS, 1992：773 - 778

［143］Sterten A, Solli P A. Cathodic process and cyclic redox reactions in aluminium electrolysis cells［J］. Journal of Applied Electrochemistry, 1995, 25(9)：809 - 816

［144］Lü X J, Li Q Y, Lai Y Q, Li J. Digital characterization and mathematic model of sodium penetration into cathode material for aluminum electrolysis［J］. Journal ofCentral South University of Technology, 2009, 16(1)：96 - 100

［145］Castrillejo Y, Bermejo M R, Arocas P D, Martinez A M, Barrado E. The electrochemical behavior of the Pr(Ⅲ)/Pr redox system at Bi and Cd liquid electrodes in molten eutectic LiCl-KCl[J]. Journal of electroanalytical chemistry, 2005, 579(2): 343 – 358

[146] Sanchez S R, Picard G S. Solubility and diffusion of metallic iron in liquid Bi metal at 450℃ [J]. Electrochemistry Communications, 2004, 6(9): 944 – 954

[147] Zolochevsky A, Hop J G, Servant G, Foosnaes T, Oye H A. Rapoport-samoilenko test for cathode carbon materials I. Experimental results and constitutive modelling[J]. Carbon, 2003, 41(3): 497 – 505

[148] 方静. 铝电解用惰性可润湿性 TiB_2/C 复合阴极材料的制备与性能研究[D]. 长沙: 中南大学冶金科学与工程学院, 2004: 36 – 37

[149] Aluminium-Material Information[EB/OL]. http://www.goodfellow.com/csp/active/STATIC/E/Aluminium – HTML, 2007 – 12 – 28

[150] 黄有国. Na_3AlF_6 – K_3AlF_6 – AlF_3 体系中金属陶瓷惰性阳极的低温电解腐蚀及新型电解质研究[D]. 长沙: 中南大学冶金科学与工程学院, 2009: 63 – 64

[151] Mineralogy database. Graphite Mineral Data[EB/OL], http://www.webmineral.com/data/Graphite.shtml, 2009 – 0821

[152] 沈宁福. 新编金属材料手册[M]. 北京: 科学出版社, 2003

[153] Mineralogy database. Corundum Mineral Data[EB/OL], http://webmineral.com/data/Corundum.shtml, 2009 – 9 – 30

[154] Vassen R, Koldewitz M, Ruder A. Influence of binder content and particle size on green strength of WPP parts[J]. Powder Metallurgy, 1995, 38(1): 55 – 58

[155] Song Y Z, Qiu H P, Guo Q G, Zhai G T, Song J R, Liu L. Effect of the binder content on the electrical and thermal conductivity of bulk graphite[J]. New Carbon Materials, 2002, 17(2): 56 – 60

[156] Xiang Q X. Mechanism on reciprocity between fillers and binders[J]. Carbon Translation Series, 1993, 3: 6 – 10

[157] Mikhalev Y, Oye H A. Absorption of metallic sodium in carbon cathode materials[J]. Carbon, 1996, 34(1): 37 – 41

[158] Touloulian Y S. Thermophysical properties of high temperature solid materials[M]. New York: McMillan Co, 1967: 1 – 6

[159] 王平甫, 姜绍娴, 罗英涛. 铝用碳素材料[J]. 碳素技术, 2000, 111(6): 44 – 47

[160] Wilkening S. One hundred years of carbon for the production of aluminum[J]. Erdoel Kohle Erdgas Petrochem Ver Brennst Chem, 1986, 39(12): 551 – 560

[161] Oye H A, Nora V D, Duruz J J. Properties of a colloidal alumina – bonded TiB_2 coating on cathode carbon materials[C]. In: Huglen R. Light metals 1997. USA: TMS, 1997: 279 – 286

[162] Vasshaug K, Foosnaes T, Haarberg G M, Ratvik A P, Skybakmoen E. Formation and dissolution of aluminium carbide in cathode blocks[C]. In: Bearne G, eds. Light metals 2009. USA: TMS, 2009: 1111 – 1116

[163] Siew E F, Hay T I, Stephens G T, Chen J J, Taylor M P. A study of the fundamentals of pothole formation[C]. In: Kvande H, eds. Light metals 2005. USA, TMS, 2005: 763 – 769

[164] 刘业翔, 李劼. 现代铝电解[M]. 北京: 冶金工业出版社, 2008

[165] 黄礼峰. $NiFe_2O_4$ 基金属陶瓷惰性阳极在 $Na_3AlF_6 - K_3AlF_6 - AlF_3$ 熔体中的低温电解腐蚀研究[D]. 长沙: 中南大学冶金科学与工程学院, 2008: 49 - 50

[166] 冯小明, 张崇才. 复合材料[M]. 重庆: 重庆大学出版社, 2007

[167] Wikening S. Some experiments in cathode carbon[C]. In: Barry W, eds. Light metals 1998. USA: TMS, 1998: 689 - 696

[168] Smith M A, Foley H C, Lobo R F. A simple model describes the PDF of a non-graphitizing carbon[J]. Carbon, 2004, 42(10): 2041 - 2048

[169] Szczygielska A, Burian A, Duber S, Dore J C, Honkimaki V. Radial distribution function analysis of the graphitization process in carbon materials[J]. Journal of alloys and compounds, 2001, 328(1 - 2): 231 - 236

[170] Yi B, Rajagopalan R, Burket C L, Foley H C, Liu X M, Eklund P C. High temperature rearrangement of disordered nanoporous carbon at the interface with single wall carbon nanotubes[J]. Carbon, 2009, 47(10): 2303 - 2309

[171] Watson K D, Toguri J M. The wettability of carbon/TiB_2 composite materials by aluminum in cryolite melts[J]. Metallurgical Transactions B, 1991, 22B(5): 617 - 621

[172] 王成杰, 张国辉, 朱旺喜. 半石墨化处理温度对铝电解槽阴极炭块性能的影响[J]. 碳素技术, 1994, 5: 26 - 30

[173] 李永军, 刘洪波, 陈杰, 王登奎, 赵隆杰. 铝电解槽用无烟煤基石墨化阴极材料的初步研究[J]. 碳素技术, 2006, 25(3): 1 - 5

[174] Kvam K R, Johansen J A, Ugland R, Oye H A. Resin binders in ramming paste[C]. In: Wayne H, eds. Light metals 1996. USA: TMS, 1996: 589 - 596

[175] Itskov M L, Yanko E A, Dyblina N P, Denisenko V J. Influence of quinoline-unsolubles content in electrode pitches on quality of aluminum cells carbon anodes[C]. In: Welch B J, eds. Light metals 1990. USA: TMS, 1990: 1351 - 1362

[176] Mirchi A A, Savard G, Tremblay J P, Simard M. Alcan characterisation of pitch performance for pitch binder evaluation and process changes in an aluminium smelter[C]. In: Schneider W, eds. Light metals 2002. USA: TMS, 2002: 525 - 533

[177] Wallouch R W, Murty H N, Heitz E A. Porosis of coal tar pitch binders[J]. Carbon, 1972, 10(6): 729 - 735

[178] Buttler F G. Study on the therma decomposition of electrode pitch[J]. Theramal Analysis, 1975, 3: 567 - 576

[179] Charette A, Ferland J, Kocaete D. Experimental and kinetics study of volatile evolution from impregnated electrodes[J]. Fuel, 1990, 69(2): 194 - 202

[180] Charette A, Kocaete. Comparison of various pitches for impregnation in carbon electrodes, Carbon, 1991, 29(7): 1015 - 1024

[181] Sushil G, Veena S, Jonathan B, Pinakin C, Ted Y. Carbon structure of coke at high temperatures and its influence on coke fines in blast furnace dust [J]. Metallurgical and

materials transactions B, 2005, 36B(7): 385－394

[182] Farrwharton R S, Welch B J, Wainwright M S. Influence of carbon structure on the electrochemical and chemical oxidation of carbon electroes in aluminium production[J]. Natl Conf Publ Inst Eng Aust, 1979, 79/8: 101－104

[183] 霍庆发. 电解铝工业技术与装备[M]. 沈阳：辽海出版社, 2002

[184] T. R. Alcom, A. T. Tabereaux, N. E. Richards et al. Operational results of pilot cell test with cermet inert anodes [A]. S. K. Das. Light Metals 1993 [C]. Warrendale, Pa: TMS, 1993. 433－443

[185] J. Keniry. The economics of inert anodes and wettable cathodes for aluminum reduction cells [J]. JOM, 2001, 53 (5): 43－47

[186] C. J. McMinn. A review of RHM cathode development [A]. E. R. Cutshall. Light Metals1992. Warrendale PA, USA: TMS, 1992. 419－425

[187] A. Tabereaux, J. Brown, I. Eldridge, et al. The operational performance of 70 kA prebake cells retrofitted with TiB_2－G cathode elements [A]. B. J. Welch. Light Metals1998 [C]. Warrendale PA, USA: TMS, 1998. 257－264

[188] G. D. Brown, G. J. Hardie, M. P. Taylor. TiB_2 coated aluminum reduction cells: status and future direction of coated cells in Comalco [A]. Aluminium Smelting Conference [C]. Queenstown, New Zealand, Nov. 26, 1998: 529－538

[189] B. Georges, V. de Nora. Aluminum production cell and cathode. US Patent, 6358393, 2002－03－19

[190] V. de Nora. Cell for aluminum electrowinning. US Patent, 6093304, 2000－07－25

[191] Vittorio de Nora, Nassau. B., Jainagesh A. S. et al. Method for production of aluminum using protected carbon-containing components. US Patent, 5651874, 1997－07－29

[192] B. J. Welch. Aluminum production paths in the new millennium [J]. JOM, 1999, 51(5): 24－28

[193] V. de Nora, J. J. Duruz. Cell for electrolysis of alumina at low temperatures. US Patent, 5725744, 1998－03－10

[194] T. R. Beck, I. Rousar, J. Thonstad. Energy efficiency considerations on monopolar versus bipolar fused salt electrolysis cells [A]. S. K. Das. Light Metals 1993 [C]. Warrendale, Pa: TMS, 1993. 485－491

[195] H. M. Xiao. On the corrosion and the behavior of inert anodes in aluminium electrolysis: [Doctor Thesis]. Trondheim, Norway: Norwegian Institute of Technology, 1993

[196] C. W. Brown. Next Generation Vertical Electrode Cells [J]. JOM, 2001, 53 (5): 39－42

[197] M. Nancy, E. Jack. Inert anode roadmap: A framework for technology development. The Aluminum Association, Inc. February 1998: 1－29

[198] R. E. Hanneman, H. W. Hayden, W. Goodnow, et al. Report of the American Society of Mechanical Engineers' Technical Working Group on Inert Anode Technologies. The U. S. Department of Energy, July 1999. 1－45

图书在版编目(CIP)数据

铝电解用阴极材料抗渗透行为/方钊,赖延清著.
—长沙:中南大学出版社,2016.1
ISBN 978 - 7 - 5487 - 2229 - 8

Ⅰ.铝… Ⅱ.①方…②赖… Ⅲ.氧化铝电解
Ⅳ.TF821.032.7

中国版本图书馆 CIP 数据核字(2016)第 094747 号

铝电解用阴极材料抗渗透行为
LÜDIANJIE YONG YINJI CAILIAO KANGSHENTOU XINGWEI

方 钊 赖延清 著

□责任编辑　韩　雪
□责任印制　易红卫
□出版发行　中南大学出版社
　　　　　　社址:长沙市麓山南路　　　邮编:410083
　　　　　　发行科电话:0731-88876770　传真:0731-88710482
□印　　装　长沙超峰印刷有限公司

□开　　本　720×1000　1/16　□印张 12　□字数 237 千字
□版　　次　2016 年 1 月第 1 版　□印次　2016 年 1 月第 1 次印刷
□书　　号　ISBN 978 - 7 - 5487 - 2229 - 8
□定　　价　60.00 元